OURS: Observation for Urban Regeneration Studies

鹿島出版会

チッタ・ウニカ｜文化を仕掛ける都市ヴェネツィアに学ぶ

横浜国立大学大学院／建築都市スクール“Y-GSA”編

LA CITTÀ UNICA / THE UNIQUE CITY

ヴェネト州
Veneto
ミラノ
Milano
ヴェネツィア
Venezia
トリノ
Torino
フィレンツェ
Firenze
ITALY
ローマ
Roma
ナポリ
Napoli
Mediterranean Sea

反転するヴェネツィア　北山恒

プレオープンは通常メディアか関係者だけに入場が許されるはずだが、なぜか今年のヴェネツィア・ビエンナーレの会場は観客であふれていた。

これまでヴェネツィア・ビエンナーレ国際建築展は八月末にオープニングを迎えていたが、今年から観光シーズンのスタートとなる六月になった。そして、二二年前、横浜市が主催した「横浜アーバンリング」展の招待作家であったレム・コールハースが第一四回ビエンナーレの総合ディレクターを務めているのだが、そこでは、これまでスター建築家の品評会のような形式であった国際建築展を、そうではなく建築を文化的文脈に載せるということが試みられているようである。それは建築とは不思議なアートオブジェクトをつくるものではなく、私たちの文化をかたちづくるものであるという強いメッセージでもあるが、同時に文化都市ヴェネツィアの都市戦略に呼応するビエンナーレに修正されているのかもしれない。ビエンナーレは関係者だけのものでなく、広く開放されたものになっている。

二二年前の「横浜アーバンリング」展とは、一九九二年に横浜市で開催した「都市デザインフォーラム」のなかで、当時都市デザイン室長であった故・北沢猛氏が構想した横浜湾を囲む埠頭群の未来都市構想である。レム・コールハース、伊東豊雄、ダニエル・ビュランなど建築家、クリエーターを世界から招聘し、埠頭群のなかから、それぞれプロジェクト・サイトを選ばせる。レム・コールハースは中央卸売市場のある山内埠頭をプロジェクト・サイトとし、有名なタイムシェアのアイデアを提出している。産業用地である埠頭群は個性ある招待作家の手によって多様性を持った未来都市に色づく。伊東豊雄は埠頭群に囲まれた内水面をプロジェクト・サイトとして、この多様性ある埠頭群を関係づける。「横浜アーバンリング」の主題は内水面そのものであることを主張していた。

一九九二年は日本の経済活動が膨張した最終期であり、能天気な夢物語のような都市イメージとともに、深刻な都市問題の双方が話し合われた。今、振り返るとこの「都市デザインフォーラム」は時代の分水嶺のようなシンポジウムであった。その後、二〇世紀末にはグローバリズムという世界的な規模での産業構造と流通方式の変換の要請が顕在化し、先進国といわれたヨーロッパと北米の産業都市の港湾地域では工場や倉庫の立地条件が変わり、都市を再編する巨大プロジェクトが始まった。そして、横浜市も同様の産業動向のなかで都市の未来を構想する必要が生まれていた。Y-GSAと横浜市の共同プロジェクトとして始めた未来都市構想がある。それは、この「横浜アーバンリング」展のコンセプトを再び検証することから始まり、後に「海都横浜構想」、正式には「横浜都心臨海部・インナーハーバー整備構想」となるものである。それは水面に囲まれた都市ヴェネツィアに対して、水面をリング状に囲む横浜という地勢から、反転するヴェネツィアとして都市の構想であった。

水上交通だけを都市インフラとするヴェネツィアは、生活者の時間距離の感覚が東京のそれとは大きく異なる。一五世紀半ば、ヴェネツィアは地中海世界で圧倒的な経済力をもつ都市国家となる。その時代、物流を中心とする商業都市では運河という交通インフラは合理的都市システムであった。現代は自動車での交通システムが都市構造を決定しているが、ヴェネツィアは運河を埋めて道路にするという選択は取らない。利便性や経済効率で都市構造が決定される現代都市に反転する批評として存在しているように私には思える。

Y-GSAが提案する横浜の未来都市構想では、当初はリング状に囲む埠頭群に鉄道（LRT）を設けることが検討されていたが、「横浜アーバンリング」で伊東豊雄が示したように、内水面を囲む水上交通を重要な提案とした。それは経済合理に反するものではなく、リング状に埠頭群が存在するため水上交通は時間距離としても有効であり、インフラの初期投資は圧倒的に軽くなる。また工場や倉庫などの産業施設の機能変換なのでヴェネツィアとは意味が異なるが、埠頭群であるという地理的条件をアーキペラゴ（群島的）と読み替えて、ヴェネツィアの持つ多様性を参照にした都市開発の手法を検討した。ヴェネツィアは未来都市構想の研究対象にもなるのだ。

今、近代的な都市インフラに対応できないヴェネツィアは、産業都市にもさらには生活都市としても困難である。だからこそ現代のヴェネツィアは都市の文化戦略が際立って見えてくる。ヴェネツィア国際建築展、ヴェネツィア・ビエンナーレ国際美術展、ヴェネツィア映画祭、演劇祭やボート祭り等々の都市スケールでの文化イベント、そして観光産業など、大いなる都市の資産を利用した都市運営が行われている。

近年、ヴェネツィアは巨大商業資本が多数参入し投資対象としてのテーマパーク化が進行している。実際に生活する人の減少によって生活をサポートする施設は衰退し、観光産業には産油国資本や中国資本が参入している。都市そのものが買われヴェネツィアの文化的コンテクストが壊されようとしているようにもみえる。大きな矛盾と困難を抱えながら、それでも、際立った文化戦略都市としての存在を見せているヴェネツィアという都市の魔法を探りたい。

［横浜国立大学大学院／建築都市スクール〝Y-GSA〟校長］

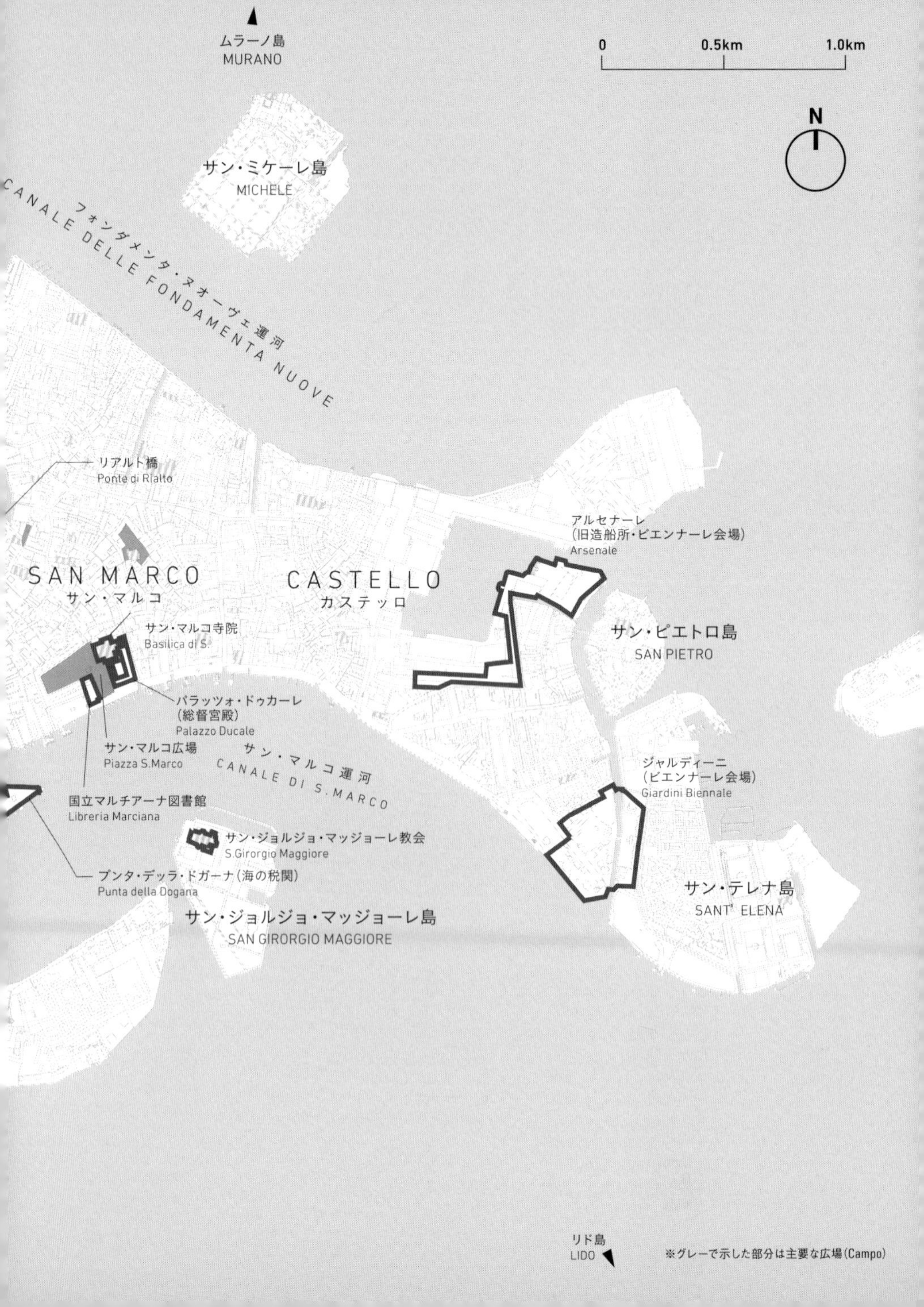
ムラーノ島
MURANO
0
0.5km
1.0km
N
サン・ミケーレ島
MICHELE
フォンダメンタ・ヌオーヴェ運河
CANALE DELLE FONDAMENTA NUOVE
リアルト橋
Ponte di Rialto
アルセナーレ
(旧造船所・ビエンナーレ会場)
Arsenale
SAN MARCO
サン・マルコ
CASTELLO
カステッロ
サン・マルコ寺院
Basilica di S.
サン・ピエトロ島
SAN PIETRO
パラッツォ・ドゥカーレ
(総督宮殿)
Palazzo Ducale
サン・マルコ広場
Piazza S.Marco
サン・マルコ運河
CANALE DI S.MARCO
ジャルディーニ
(ビエンナーレ会場)
Giardini Biennale
国立マルチアーナ図書館
Libreria Marciana
サン・ジョルジョ・マッジョーレ教会
S.Girorgio Maggiore
プンタ・デッラ・ドガーナ(海の税関)
Punta della Dogana
サン・テレナ島
SANT' ELENA
サン・ジョルジョ・マッジョーレ島
SAN GIRORGIO MAGGIORE
リド島
LIDO
※グレーで示した部分は主要な広場(Campo)

イタリア本土側
MESTRE
CANNAREGIO
カンナレージョ
カ・ドーロ
(フランケッティ美術館)
Ca' d'Oro
サンタ・ルチア駅
Stazione Ferroviaria
Santa Lucia
カナル・グランデ(大運河)
CANAL GRANDE
SAN POLO
サン・ポーロ
SANTA CROCE
サンタ・クロス
ヴェネツィア建築大学
IUAV
カ・フォスカリ
(ヴェネツィア大学)
Ca' Foscari
フェニーチェ劇場
Teatro la Fenice
グラッシ宮(ピノー財団)
Palazzo Grassi
アカデミア橋
Ponte dell' Academia
DORSODURO
ドルソドゥーロ
アカデミア美術館
Gallerie dell' Accademia
ペギー・グッゲンハイム美術館
Collezione Peggy Guggenheim
ジューデッカ運河
CANALE DELLA GIUDECCA
SACCA FISOLA
サッカ・フィゾーラ
GIUDECCA
ジュデッカ
イル・レデントーレ教会
Il Redentore

VENEZIA

目次

序　反転するヴェネツィア　北山 恒　003

論考　五〇〇年の歴史のなかの都市——〈占領〉と〈群島〉の未来　吉見俊哉　011

ヴェネツィア、歴史が現代へ結びつく魔術的な島　アメリーゴ・レストゥッチ　039

講演　祝祭性豊かな歴史的都市空間　陣内秀信＋樋渡 彩　043

文化戦略を通じた都市のヴィジョン　アメリーゴ・レストゥッチ　067

資料―日常祭事都市・ヴェネツィア　089

論考　都市というキャンバス　南條史生　098

資料｜国際展の世界分布　113

地方（へ）の意識を変える国際展　五十嵐太郎　121

活動紹介　アートと地域をつなぐ実践

CIVIC PRIDE　伊藤香織　138

FESTIVAL/ TOKYO　相馬千秋　144

BEPPU PROJECT　山出淳也　148

討議　文化を育む都市の思想と戦略　アメリーゴ・レストゥッチ×吉見俊哉×北山 恒×南條史生　153

あとがき　ヴェネツィアから未来を問う　寺田真理子　184

シンポジウム概要　187

略歴・クレジット　188

01

STUDY

論考

500年の歴史のなかの都市

〈占領〉と〈群島〉の未来

吉見俊哉

現代都市に生きる私たちは今、いかなる文化的基盤の上に立っていると言えるだろうか。文化の仕掛けに考えをめぐらせるうえで、歴史的な想像力は不可欠なものとなっている。ヴェネツィアへ視点を向けるための導入として、ここでは社会学の分野で長年にわたって都市文化の研究を牽引してきた吉見俊哉氏による論考を手がかりに、都市の歴史的射程と文化の連関について見ていきたい。

五〇〇年のスケールで都市を見る前に

長期的な歴史のなかで東京とヴェネツィアの比較をしてみるにあたり、まず東京の話からはじめてみたい。東京のなかでヴェネツィアにつながる要素は、長い歴史のなかでどう位置づけられるのか——ひと言で言うならば、東京は、近世には幕藩体制を内包し、近代には日本の近代化とアジアの帝国としての日本の両方を内包し、戦後には米軍による占領、つまりは日米関係を深く内包してきた都市である。つまり、東京は一貫して権力の中心の側にあり、支配や占領、帝国主義的拡張と無縁ではあり得なかった。このような特徴は、おそらくヴェネツィアとは大きく異なる。ヴェネツィアもまた権力や商業資本と深く絡んではいたであろうが、近代帝国の首都ではなかった。しかしまさに東京は、そのような存在として発展した都市であり、この点で軽々と東京とヴェネツィアを並べて語ることはできない。

このような前提を確認したうえで、なお東京とヴェネツィアが対比できる次元があるのだとするならば、それはそうした「中心としての東京」からはずれた周縁、ないしは被支配の要素が成立してきた位相においてであろう。東京を占領者の都市とするならば、その「図」となったのは武蔵野台地東端の台地で、それらを取り囲んでいた川や谷、池、窪地は「地」として残る。この「図」の江戸・東京史は「占領」と「支配」の歴史だが、「地」である谷や窪、川、池、水辺から江戸・東京史を捉え返すなら、それは「被占領」と「持続」の歴史である。ここにおいて、東京とヴェネツィアには、「中心としての東京」の限界を越えたはるかに広がりのある共通性が見出されていくのである。かつて江戸・東京はヴェネツィアに比較されるほどの水辺の都市であった。この水の辺の都市としての東京から、海を越えてヴェネツィアへの回路を探ってみること。それに加えて述べるならば、東京に無数に存在する谷や窪地、沢、池等のネットワークも重要な要素となる。これらの谷地のネットワークは、そこを訪れた人びとに「迷路」として経験されてきた。この水系と一体化した迷路性は、たしかに東京とヴェネツィアが深く共有してきたものである。

このような水系との結びつきや迷路性に照準した都市の次元を、ここでは都市の〈大陸〉モデルと対比される意味で〈群島〉モデルとして考えてみたい。都市の〈大陸〉モデルは基本的には近代都市のモデルであり、支配の中心としての都市の地平である。そのような近代的＝大陸的な都市に対して、いわばポスト近代的＝群島的な都市をどのように想像していくことができるのか――。この問いに答えるために、以下はまず歴史的な時間軸についての設定を行い、まさに〈大陸〉的な都市としての東京、すなわち占領と支配の中心としての東京がどのように形成されてきたのかを三段階に分けて整理する。そのうえで、そのような〈大陸〉的な都市とは異なる地平が、東京の中にどう伏在しているのかを、具体的な事例に即して考えていくことにしたい。

一　歴史の遠近法――現在を位置づけるふたつの方法

二五年間隔の歴史

歴史には、さまざまな区分法がある。私たちが慣れ親しんできたのは、歴史を一〇年単位で理解するものだ。一九六〇年代、七〇年代、八〇年代、九〇年代と言われれば、それぞれについて何らかのイメージが共有されている。たとえば、高度成長と葛藤の六〇年代、豊かさと内向の七〇年代、消費とバブルの八〇年代、グローバリゼーションのなかで失われた九〇年代ということになろう。これにほぼ対応して、全共闘世代、新人類、失われた世代といった世代呼称も生まれてきた。もっと大きな単位では、世紀単位の区分も馴染み深い。一八世紀、一九世紀、二〇世紀――。私たちは、ここでも歴史的知識とともにまとまったイメージを共有している。一八世紀は啓蒙の世紀、一九世紀は産業革命と帝国主義、二〇世紀はナショナリズムと両世界大戦、そして冷戦の世紀ということになろう。

しかし、一〇年単位、一〇〇年単位の歴史区分とは別に、もうすこし中期の歴史区分も可能である。たとえば、二五年単位というのもかなり有効な区分法だろう。二五年は一世代の距離、つまり親子ほどに離れている距離である。一〇年前の世代から、次の世代はそれなりの影響を受け、なかなかその影響を脱することができない。前述の世代でも最も強烈な足跡を残した団塊世代＝全共闘世代の後、一九五〇年代生まれの世代は、団塊世代とは異なりながらも完全には切り離されない、やや中間的な歴史相を生きてきた。しかし、団塊世代の二五年後に生まれる世代は「団塊ジュニア」世代と呼ばれ、両親の世代とははっきり異なる人生観を形成してきたようにみえる。団塊世代とポスト団塊世代の関係は連続的であるのに対し、団塊世代と団塊ジュニア世代の関係は非連続なのだ。

この二五年の距離を歴史に当てはめてみたらどうなるか。一九四五年が歴史の大きな転換点であったのは明らかなので、この四五年を起点に考えてみよう。四五年より二五年前は一九二〇年で、一九一九年に第一次世界大戦が終わり、ベルサイユ条約が結ばれ、パリ講和会議が開かれ、翌年に国際連盟が成立している。中国では五・四運動が起こり、その一昨年にはロシア革命が起きていた。まさしく二〇世紀的世界が成立したのが、この一九一七年から一九年にかけての数年であったということができる。そして日本では、二三年に関東大震災が起こり、二五年には普通選挙法と治安維持法がほぼ同時に定められ、大正モダニズムの時代から昭和ファシズムの時代への前哨がかたちづくられていた。

そして、これを二五年遡るならば、一八九五年である。このころ、つまり一八九四年から九五年にかけて起きた日清戦争は、日本がアジアの帝国主義国家にのし上がっていく決定的なポイントだった。この戦争での清の敗北により、東アジアの歴史は日本を中心にめぐり始める。ほどなく日本人は朝鮮半島のみならず中国にも偏狭な差別意識を抱くようになり、自分たちをアジアの覇者と見なしていく。そして実際、一八九五年からの半世紀は、アジアにおける日本の帝国主義的拡張の時代となった。他方、同時期にアメリカは米西戦争の勝利によってハワイ、フィリピンを併合し、太平洋国家としての軍事的基盤を築いていった。当然、太平洋の西の帝国である日本と東の帝国であるアメリカは大洋を挟んで直接対峙することになり、日米関係は厳しい緊張を孕んだ時代に突入していく。

さらにこれを二五年遡るならば、一八七〇年となる。この二年前、一八六八年は明治維新の年であり、戊辰戦争、版籍奉還、廃藩置県と激動の時代であった。そしてほぼ同じころに、アメリカでは南北戦争、ヨーロッパでは普仏戦争が起きていた。さらに一八七〇年の二五年前は一八四五年であり、何といっても一八四〇年から四二年にかけて阿片戦争が起きていた。阿片戦争での清の敗北により、西洋列強によるアジアの植民地化は一気に加速した。中国は西洋の苛烈な侵食を受けるようになり、それまで東アジアの中心だった地位をどんどん弱体化させ、崩壊に向かう。つまり一九四〇年代から九〇年代までの半世紀の東アジアは、中国の弱体化、中心性の喪失と西洋の植民地主義がそれまでの沿岸部だけでなく内陸部にまで入って土地経営に乗り出す動きによって特徴づけられる。

他方、一九四五年から現在に向かって二五年間隔の歴史を当てはめるなら、四五年から二五年後は一九七〇年である。言うまでもなく大阪万博の年であり、その直前に大学紛争が各地の大学で激しく起きていた。大阪万博後には沖縄返還、日中国交回復、オイルショックなどが続いた。一九四五年から七〇年までの戦後日本は、基本的に「復興」と「成長」のなかにあり、占領期の民主化政策から五〇年代の復興期を経て、六〇年代の高度成長期へと進んできた。そして七〇年以降、諸々の矛盾や問題が噴出し、葛藤を内包しながらも、全体として九〇年代初頭まで、日本は約二五年にわたる空前の安定期を享受していく。世界史的にみても、七〇年前後に、ベトナム戦争や変動相場制移行、第一次石油危機などが起きながらも、一九七〇、八〇年代は概して安定期であったように思われる。

そして、一九七〇年から二五年後は一九九五年で、これは日本で阪神淡路大震災が起きた年であり、オウム真理教事件も同じ年に起きた。このふたつのカタストロフにより、多くの日本人が、日本が安穏と「豊かさ」を貪ってきた「長い戦後」が終わったこと、今や日本は下降線をたどり始めており、その先には未知で不安定な時代が待っていることを直感した。この少し前には、東欧の社会主義政権の崩壊からソ連崩壊までの歴史の大激動が起きていた。九〇年代とは、世界が本格的にグローバリゼーションの時代に突入していった時代であり、湾岸戦争、ユーゴ内戦、チェチェン紛争、ルワンダ内戦と国際紛争の形態も大きく変化し、そうしたなかでEUも一九九三年に発足している。そして、九〇年代に始まった諸変化は、二〇〇一年のアメリカでの同時多発テロ、〇八年の世界金融危機を経て現在に至っている。グローバリゼーションが加速度的に進行するなかで各国が対応を迫られるこの状況は、少なくとも二〇二〇年ごろまでこのまま続くことになろう。

二一世紀と一六世紀の類似——五〇〇年を跨いで

二五年間隔の歴史区分がある程度有効なのは、およそ一九世紀までである。二〇世紀の歴史ならば、一〇年単位の区分がある程度のリアリティを持ち得ても、一九世紀まで遡るとぼやけてくるように、二五年単位で歴史を考えることの有効性は、一九世紀初頭までの約二〇〇年で尽きる。おそらく一八世紀末、人類が産業革命以降の爆発的発展のプロセスに入っていくなかで、二五年という間隔が意味を持ってくるようになったのだろう。工業化の進展と人口の爆発的増加と流動化、都市化、旧来的な社会秩序の解体という変化のなかで、歴史が「動き始めた」のである。いわゆる歴史の「S字カーブ」からするならば、中間の発展期に固有の変動幅として、二五年の間隔が機能してきたのかもしれない。

それでは一八世紀末よりさらに遡って歴史を区分するにはどうするか。もちろん、ここで一般的に用いられてきたのは、中世、近世、近代、現代といった区分である。「近代」から「現代」への移行が、だいたい一九二〇年前後、つまり第一次世界大戦後に起きたということでは人びとの認識が一致しているのとは異なり、「中世」から「近世」、ないしは「近世」から「近代」への移行を単純に発展段階論的、進歩主義的に理解することはすでに否定されている。それにもかかわらず、地球上のそれぞれの地域で、その社会が「近代」に突入していった過程にはある種の相同性があり、その最初の波が、いったいいつごろ、どのように起きたかを振り返っておくことは、今なお重要だ。そしてこれが、西欧を中心とする世界の再編が始まったという意味では、やはり一六世紀なのである。

一六世紀に何が起きていたのか――。ポイントはふたつある。ひとつは、言うまでもなく大航海時代である。一五世紀末から一六世紀にかけて、コロンブスやバスコ・ダ・ガマやマゼランは、ヨーロッパから世界の海に漕ぎ出し、その航路の開発によって世界の交通が繋がれていくことになる。彼らが多大な危険を冒してまで未知の海に漕ぎ出していった最大の誘因は金銀の獲得だった。ヨーロッパの生産力向上の結果、経済のネックとして生じていた慢性的な地金不足、その結果である金価格の上昇が、ヨーロッパ各地での貴金属採掘熱を刺激し、金属の採掘や精錬の技術開発をもたらした。だから、そのような貴金属の発掘をめざし、ヨーロッパの冒険者たちはさらに遠方まで船出していったのである。同時期に発達していた錬金術と新大陸発見は、文字どおり同じコインの表裏だった。

そして、船出した西洋の航海者たちは、当初の期待をはるかに超える成果を航海から挙げていった。コロンブスが一四九二年に発見した新世界が旧世界にもたらした決定的な産物は銀である。もちろん、それ以外にも無数の食物を新世界は旧世界に提供し、旧世界は新世界がまったく免疫を持っていなかった病原菌を運び込んで甚大な数の先住民を死に至らしめた。この交流で新世界には空前の不幸がもたらされ、旧世界には新しい世界経済への大変化がもたらされていった。いずれにせよここでの鍵は、銀による世界経済の統合であった。旧世界からの残虐な侵略者たちによってメキシコやペルーで採掘された莫大な銀が、通用性のきわめて高い一般的等価物、すなわち世界貨幣として地球をめぐっていく。銀は一六世紀において、世界の諸地域の経済システムを結合させていくのだ。

この銀による世界経済に、日本も早くから参加していた。というのも、新大陸発見の結果、ペルーのポトシ銀山が発見されるのは一五四五年、メキシコのサカテカス銀山の発見は一五四八年である。これに対して日本の石見銀山（島根県）が博多商人によって発見されたのは一五二三年で、大航海時代に勃興する世界三大銀山のなかで最も早い。これはいささか驚くべきことで、日本、とりわけ石見は、世界での銀の流通が決定的に拡大する先陣を切っていたことになる。三三年には朝鮮半島から技術者が招かれたことにより先端的な銀の精錬技術であった「灰吹法《はいふきほう》」が導入されて生産能力が大幅に上がった。この技術革新により、石見から大量の銀がアジア市場に流れることになり、そのことによるアジアの変化は、新大陸発見によるグローバルな変化に先行して進んだのである。ある意味で、大航海時代を画期とする近代への扉を開くグローバル化は、アジアで先行して始まっていたと言えるかもしれない。その先駆けとなったのは、京都でも大阪でもなく、朝鮮半島と九州を行き来していた博多商人であり、彼らは朝鮮半島を経由して中国経済の動きに敏感で、日本列島での金銀鉱山の開発にことのほか熱心だったのではないかと考えられる。

他方、一六世紀に起きたもうひとつの決定的な変化は、活版印刷の普及による情報爆発だった。ヨーロッパへの紙の伝播と普及、とりわけ製紙業者たちの勃興、絵画用の油のインクへの応用、活字として使用可能な合金や金属加工技術の開発、調整のきく活字鋳型の発明など、さまざまな技術的発展を組み合わせることで活版印刷は誕生した。グーテンベルクその人が、もともとは金銀細工師であった事実を考えると、大航海時代の前提となった貴金属の精錬技術の発達は、活版印刷の前提ともなっていたかもしれない。他方、一三世紀以降の大学の発達は、各地で修道士とは異なる新たな読者層を生み出しつつあり、そのすべてが活版印刷による書物の爆発的増加の背景となっていった。そして、この活版印刷術の登場によって、まず何よりも量的に、印刷された情報の流通量が爆発的に増加していくことになる。今や同じテクストが大量に複製され、流通していくことで、読者たちは、以前よりもずっと安く、多くの本を手元に置くことができるようになった。学者たちは一冊の本の詳細な解釈に労力を費すよりも、さまざまな書物の綿密な比較照合に力を注ぐようになり、知識伝承の社会的形式も、秘伝から公開へと大きく変化していった。

こうして活版印刷が可能にした知識の新しい流通システムは、やがて宗教改革や科学革命、国民国家の形成といった「近代」の基盤を用意していく。宗教改革の場合、ドイツの貧しい修道士、マルティン・ルターの教会批判が、辺境の異端運動で終わらずにキリスト教世界全体を根底から揺るがすに至ったのは、彼が、印刷術がもたらした新しいコミュニケーション回路を巧妙に利用したからだった。このとき大量に印刷された宗教パンフレットや出版物により、以前は一時的で局所的なものにとどまっていた改革運動が広範な広がりと持続的な影響力を持つようになった。さらに、コペルニクスが地動説を確信していったのは、彼の時代に何からの重大な天文学的発見がなされたからではなかった。コペルニクスの地動説は、彼の時代から、天文学者の利用する書物や数表が活版印刷で出版されるようになり、それまでは遠方まで旅しなければ見られなかったような多くのデータが容易に入手できるようになっていたことが影響していた。このことにより、コペルニクスはそれまでにない大規模なデータの比較や文献研究を行うことができたのである。

大航海時代による地球規模での経済の統合と活版印刷技術による知識・情報の爆発的な増大

は、一六世紀が経験した決定的な変化であったが、これはすなわち、一方は今日のグローバリゼーションへ、他方はインターネットによる知識・情報へのアクセシビリティの爆発的拡大につながるものである。言ってみれば、グローバル化と情報化の両面で、一六世紀と二一世紀は類似している。一方で私たちは今日、一六世紀の大航海時代よりもはるかに徹底して全世界がグローバル化される時代を生きている。今日、世界の経済を結びつけているのは、情報やドル、金融システムそのものと言える。他方、インターネットは現代人の情報・知識に対するアクセシビリティを大きく変化させた。一六世紀の人びとが大量の印刷本の出現によって数ヵ月をかけた旅から解放されたように、私たちはネットと携帯端末のシステムによって、ほとんど非場所的に情報にアクセスする日々を送っている。この五〇〇年の歳月を跨いだ類似は構造的なものであり、「近代」を一種の歴史的な空間と考えるならば、一六世紀はその〈入口〉、二一世紀はその〈出口〉に位置している。

二　三つの占領――江戸・東京の五〇〇年史

将軍による占領――一六世紀末以降

さて、以上のような一六世紀と二一世紀を跨ぐ歴史のなかで、江戸・東京の都市史を捉え返してみると何が見えてくるだろうか。江戸・東京は一五九〇年、駿河から関東に移封された徳川家康が関東支配の本拠地として開発を始めたのが実質的な原点である。そうした意味でこの都市の歴史は、一六世紀から二一世紀までの五〇〇年のうちに収まっている。家康の江戸開発は、後北条氏が支配していた地域に外から来ての開発だったわけで、これはそれまでのこの地域の地元武士たちからみれば一種の占領政策であった。

一七世紀初頭、幕府によって江戸がどう開発されていったのかについては、すでに数多の概説書があり、ネット上にも解説が溢れているので省略しよう。重要なポイントは、次の三つである。第一に、江戸という都市は、平川などの既存の水系を巧みに利用し、日比谷入江のような湾を埋め立てて城下の中核部分が形成された都市で、そもそも埋立地の上に築かれた都市なのだとも言える。実際、縄文海進後、日比谷・丸の内付近はもちろん、大手町から神保町、水道橋付近まで海が入り込んでいた。東京の心臓部はかつて海であったか、沿岸が徐々に陸地化したところを埋め立て整備された地域である。その後も、東京の多くの地域で西から東に中小河川が走り、それが各地域を特徴づけ続けた。

第二に、江戸は将軍家の占領地として出発したのであり、そのためこの都市の敷地の圧倒的な面積を占めていたのは武家屋敷、とりわけ大名屋敷であった。一般に、都市域の約七割の面積は武家地、その半分は大名屋敷であったとされる。江戸の都市構造は、参勤交代のシステムと一体だったわけで、この武家地がこの都市に占めていた大きさを抜きにして近代における東京の歴史も考えることができない。ちなみに今日、グアム島で米軍基地の占める割合は約三四パーセントとされるから、江戸のなかで大名屋敷が占めた割合にほぼ匹敵する。江戸の場合、さらに同じくらいの広さを大名以外の武家屋敷が占めていたわけで、武家による「占領地」としての性格はより濃厚だった。江戸は一八世紀には当時としては世界最大級の一〇〇万都市にまで成長し、豊かな経済・文化的繁栄を誇るが、いかに華やかでも、この都市は根本的に占領型武家経済に依存した構造を基礎としていた。

このように、第一に都心機能が埋立地やその周辺に位置し、しかも武家による占領地として発達した都市でありながら、第三に、この占領地が武蔵野台地突端の複雑な地形の上に展開していたことも忘れてはならない。とりわけ多くの大名の中屋敷や下屋敷が置かれていた永田町から麻布、赤坂から飯田橋や小石川、本郷までの広大な都心と外縁の中間地帯は、地形的にも坂や窪地、小川の流れや自然の湧水、池が多いきわめて複雑な微地形をもった地域だった。江戸の都心を南から西、北へと取り囲むように広がったこの複雑な微地形と武家地の結びつきは、その後の東京の発展に決定的な影響を与える。大名とは、要するに地方領主であり、そうした地方領主たちの屋敷が江戸には大量に集中していた。それぞれの屋敷はほぼ治外法権で、屋敷内に広がる庭園は、川や池、谷を擁していることが少なくなかった。「占領地」というと殺風景なだだっ広い基地のような空間を想像してしまうが、江戸に広がる多数の占領地は、むしろ多数の豊かな森を保存し続けた。

官軍による占領――一八七〇年代以降

一六世紀に家康によって「占領」された江戸は、一九世紀後半、再び天皇と「官軍」により「占領」されることになる。薩摩や長州から東進してきたこの二度目の占領軍は、最初は丸の内の旧武家屋敷地に拠点を構えていく。明治初期、天皇の江戸・東京における最初の居所が赤坂御料地であり、陸軍の駐屯地は丸の内で、練兵場が日比谷であったことと、まさにこの一帯、すなわち銀座・日比谷から赤坂にかけての一帯が、近代以降の東京の中核になっていったことの間には連関があった。江戸時代、政治の中心は江戸城、経済の中心は日本橋や主要な町人地となっていたが、明治以降、丸の内、日比谷、霞が関、永田町といった一帯に軍事・政治の中枢機能地域が次第にはっきりと形成されていった。

注目されるのは、丸の内・日比谷のその後の変化と、赤坂・麻布から代々木・駒沢までの大山街道沿いの軍用地の発達である。もともと薩長軍が東京に進駐し、拠点を置いていったのは丸の内と日比谷だった。丸の内が兵営地、日比谷が練兵場である。やがて、これでは手狭になり、麻布・青山地域の広大な武家屋敷跡地に移転されていく。こうして明治期、主要な観兵式や軍事的祭典はことごとく青山で行われるようになった。明治中期には皇居付近の兵営も次々に大山街道沿いに移転し、赤坂、麻布、青山周辺は日本陸軍の中枢地区となっていった。日清戦争後には、大山街道に沿って下馬、三宿、池尻、上目黒を結ぶ広大な土地に騎兵や砲兵のための駒沢練兵場が造営されていく。日露戦争後、青山練兵場を中心に日本初の万国博覧会の開催が計画されると、代替地として代々木が練兵場化されていった。今日の青山通りや国道二四六号線沿いに多くのオリンピック施設が配置されていく前提は、明治期におけるこの一帯の軍用地化で整えられたのである。

オリンピック施設だけではない。今日の六本木・赤坂の文化中枢を担う東京ミッドタウンや国立新美術館、赤坂サカスは、もともと大名屋敷で、それが維新後、陸軍に接収され、敗戦後は米軍施設となっていった土地である。東京ミッドタウンの場合、幕末までは毛利本家の長州藩下屋敷であった。長州は大藩であり、幕府拝領の土地に周辺地を買い足すことで幕末までに三万六千坪の広大な敷地に達した。しかし幕末、長州と幕府は真っ向から敵対し、禁門の変後、この下屋敷はすべて没収される。維新後、長州屋敷は陸軍御料地となり、やがて陸軍第一師団歩兵第一連隊の駐屯地となる。戦後は、米軍に接収され、五〇年代末の返還後は防衛庁用地として使われてきた。国立新美術館も同様で、もともと宇和島藩上屋敷だった土地が、維新後、陸軍省用地となり、やがて歩兵第三連隊の駐屯地となる。戦後は米軍接収後、東大生産技術研究所が長く置かれていたが、近年、国立新美術館が建った。さらに赤坂サカスも、赤穂浅野家の本家、広島浅野家の中屋敷だったのが維新後、近衛歩兵第三連隊の駐屯地となり、戦後はＴＢＳ等に払い下げられた。

大山街道から東京西北部や西郊に視点を外に広げても、同様のことを指摘できる。陸軍施設が明治期から集中していたのは赤羽周辺で、ここには工兵第一大隊や近衛工兵大隊が駐屯し、被服本廠《ほんしょう》や兵器支廠《ししょう》、陸軍火薬庫、兵器庫などが置かれていた。戦後はその多くの地区が米軍の兵器補給廠《ほきゅうしょう》（ＴＯＤ／Tokyo Ordnance Depot）に引き継がれ、兵器庫はもとより、工兵隊、戦車練習場、射撃場、赤羽ハイツ、野戦病院などとして使用されていった。返還後、その一部は赤羽スポーツの森公園競技場などに転身している。東京西郊に目を転じれば、陸軍立川飛行場が米軍に接収されて立川基地となり、近年、返還されて昭和記念公園になったことは記憶に新しい。さらに都心に戻るなら、東京ドームのある後楽園一帯には、もともと日本陸軍の広大な砲兵工廠《こうしょう》があった。その跡地が一九三五年、読売新聞社主の正力松太郎や東宝社主の小林一三らに払い下げられたのである。

米軍による占領——一九四五年以降

かつて拙著で論じたように、旧大山街道のうち、赤坂、六本木付近は、戦後になると多くが米軍に接収され、その米軍施設周辺にアメリカ文化が滲み出して、今日の六本木ヒルズや東京ミッドタウンにつながるファッショナブルな流行の先端を行く地域が形成されていった。同じ傾向は、代々木練兵場からワシントンハイツに移行した原宿周辺にも見られたが、東京オリンピックを契機にこの地域はスポーツとの結びつきも強めていく。したがってたとえば原宿・表参道に、神宮とオリンピック競技場とブティック街が共存していることは偶然ではない。この一帯は、まず明治天皇と特別な結びつきを持つ空間になり、それがゆえに練兵場や陸軍施設が集中する場所となり、この地域のそうした軍事的性格がやがてオリンピック競技場の建設を可能にし、さらに陸軍施設が戦後は米軍に接収されたことを通じてファッショナブルな店が集中する若者の街となっていったのである。

一方で、戦前まで麻布・六本木界隈は、陸軍歩兵第一連隊や第三連隊、憲兵隊本部、近衛歩兵連隊、陸軍大学校などが集中する「軍人の街」として発展してきた。戦争末期、東京大空襲によって街は壊滅的な打撃を受けて戦後を迎える。やがて、旧日本軍施設のほとんどが米軍に接収され、近衛歩兵連隊の施設は米陸軍第一師団司令部に、陸軍の連隊施設群は米兵宿舎になった。さらに、この一帯六本木では数多くの住宅も米軍関係者のために接収されたから、五〇年代の六本木には米軍の影がはっきり刻印されていた。米兵相手のクラブやバー、レストランが次々に開店し、東京都心にあって基地の街の雰囲気を残していった。そして、この六本木に「六本木族」と呼ばれる若者たちが集まってくるのである。さらに六本木にはテレビ関係者やロカビリー歌手なども集まるようになり、徐々に現在につながるファッショナブルでコロニアルな街のイメージができ上がっていく。

一九六〇年前後の六本木は、米軍占領地の記憶を隠蔽しながら商品価値に変え、客の重心を進駐軍兵士からテレビ局関係者に移していった。この過程は両義的である。一方で、当時の六本木には、たしかに米軍との関係があちらこちらで顔をのぞかせており、六〇年代末になっても、この「スナックと米兵の町」は、「ベトナム帰りの米兵たちが、日本の休日を、寝るのを惜しむように、食べて、飲んで、踊るところ」であった。しかし、他方では、六本木は占領軍の街からメディアが演出する流行を競うように受肉していく若者たちの街に様変わりしつつあった。日比谷線開通によってこの六本木の大衆化には拍車がかかり、七〇年代にはディスコブームが六本木の街の表層を覆っていく。だが、それでもこのころの六本木では、「横須賀に米軍の船が着くと、夕刻には米兵がディスコに溢れていた」と、学生時代に麻布十番に住み、六本木で遊び暮らしていた大沢在昌は語る。

原宿の場合もまた、戦後のこの街の「若者の街」への発展は、米軍将校用の住宅施設であったワシントンハイツを抜きにして考えることができない。もともと明治神宮に隣接する広大な敷地を占めていた代々木練兵場が接収され、ハイツの建設が始まったのが敗戦直後。まだ周囲は焼け野原とバラック、闇市の風景が広がるなかに、蜃気楼のように忽然と下士官家族用の住宅団地と病院、学校、教会、劇場、テニスコート、ゴルフ場などが完備された「豊かなアメリカ」が出現したのである。敷地面積二七万七千坪という広大なハイツの存在は、神宮と練兵場の街という原宿のイメージを大きく塗り替えていった。五〇年代になると、キディランド（五〇年）やオリエンタルバザール（五四年）などの将校家族用の店が並ぶようになり、こうした街の雰囲気を象徴する建物としてセントラルアパートが建設されていく。当時、原宿も占領期の雰囲気を残した基地の街であった。

三　もうひとつの江戸・東京——水都としての未来

谷・窪・水辺からの江戸・東京——図と地の反転

江戸・東京という都市は、近世には幕藩体制を内包し、近代には日本の近代化、天皇制国家とアジアの帝国としての日本の両方を内包し、戦後には米軍による占領、つまりは日米関係を文化的な次元において内包してきた。これらの「内包」の間には忘却の連続性とでも呼ぶべきものがあり、維新期における「官軍」による江戸「占領」の記憶はやがて失われ、まるで「皇居」は昔から天皇の居所であり続けたかのような錯視を成立させていったし、米軍による占領は、占領期を通じた検閲で自らが占領者であること、つまり日本が占領されている事実を示す記述をメディアの表層から排除した。たしかに一九五〇年代初頭まで、占領の事実はあまりに明白だったが、やがて都心部の米軍施設の多くが返還されていくと、人びとはまるで占領されたことなどないかのような東京を生きていく。しかし東京は、その端緒からそもそも占領者による都市であり、一六世紀末から二〇世紀半ばまでの約四〇〇年にわたり三重の占領を通じて骨格が形成されてきた都市なのである。

しかし当然、ここである疑問が生じる。三重の「占領」というが、占領されたのはそもそも何だったのか。東京は、近世、近代、戦後といずれの時代においても権力の中心と結びついた首都であっただけの話ではないのか――。それは確かにそうなのだが、それにもかかわらず、この「占領」史には、「被占領」の歴史が伴われてきた。というのも、家康であれ、明治天皇であれ、マッカーサー元帥であれ、支配者たちが占拠していったのは、いずれも台地の上であったという共通の特徴がある。江戸城や主な大名屋敷しかり、寛永寺の伽藍が並んだ上野しかり、赤坂・麻布から代々木・世田谷までの大山街道沿いの陸軍施設しかり、またそれを引き継いだ米軍施設、ワシントンハイツや麻布・六本木の軍施設しかりである。つまり、東京を占領者の都市とするならば、その「図」となったのは武蔵野台地東端の台地で、それらを取り囲んでいた川や谷、池、窪地は「地」として残る。この「図」の江戸・東京史は「占領」と「支配」の歴史だが、「地」である谷や窪、川、池、水辺から江戸・東京史を捉え返すなら、それは「被占領」と「持続」の歴史である。

かつて江戸・東京がヴェネツィアに比較される水辺の都市であったことは、陣内秀信が長年にわたり強調し、実証してきたところである。そしてこの水辺の東京は、必ずしも日本橋から築地にかけての町人地や隅田川周辺の一帯にだけ広がっていたわけではない。これらの地域はもちろんだが、陣内らが近年、明らかにしてきているように、それらよりも西、ちょうど江戸・東京の中心線をなす上野から湯島・神田、大手町、日比谷、芝、白金、目黒を結ぶ線よりも西に広がる武蔵野台地の突端部分も、ヴェネツィアをはじめとするヨーロッパの水辺都市とは異なる意味で、まさしく「水の都市」だった。この地域には数多くの川が流れ、湧水が散在し、古代より都市はこの川沿いの微高地に広がってきた。「山の手」は「水の辺」から離れた丘陵地というよりも「水の手」でもあったのである。

水系で言うならば、この「水の手」には、神田川と渋谷川、それに目黒川の三つの流域が広がっている。神田川は井の頭池を源流として善福寺川、妙正寺川が合流し、高田馬場から飯田橋へと流れ、小石川で支流は日本橋川に分流し、本流はお茶の水の深い堀を通って隅田川に合流する。江戸にとって最も重要な河川だが、しばしば氾濫し、本郷台地を切り裂くお茶の水の水路開削のような大規模工事も一七世紀から行われてきた。近代になると、「水の辺」が内陸まで食い込んだ形となったお茶の水から水道橋、飯田橋周辺の一帯は、湯島聖堂や多くの私立専門学校、印刷所や出版社、書店の集まる知の集積地域となっていった。東京帝国大学はこの北、早稲田大学はこの西に位置する。他方、渋谷川は、新宿御苑内の池や明治神宮内の池を源流とする。いくつかの源流が合流後、渋谷駅付近で富ヶ谷方面から流れてきた宇田川と合流し、明治通りに沿って天現寺まで流れ、蛇行して麻布を貫いて芝へと抜ける。渋谷から麻布、芝までの一帯に広がっており、神田川が東大・早稲田の文化圏なら、渋谷川は慶応の文化圏と重なる。さらに目黒川の源流には北沢川や烏山川、蛇崩川などがあり、世田谷区から目黒区、品川区と横断していく。下北沢、池尻、中目黒、目黒、五反田、大崎などの街はすべてこの流域に沿っている。

湯島・不忍の入江と下北沢

しかし、三つの「占領」によって代表される江戸・東京とは異なる歴史の次元を構成してきたのは、河川流域の東京だけではない。池や窪地、いわゆるスリバチもまた、台地の上の江戸・東京とは異なる歴史をたどってきた。そうした窪や池のなかでも代表格は、やはり不忍池であろう。不忍池は、上野台地と本郷台地の中間にあり、湯島、秋葉原へとつながっている。この池の雰囲気は、同じ上野でありながらも台地の上の博物館・美術館群とは異なるし、隣の本郷台地とも異なる。本来、不忍池は、東大の「学術の森」と、竹の台の「芸術の森」を仲介し、湯島地域全体のシンボルとなる「水の辺」である。縄文時代には不忍池は東京湾の入江で、海から見て手前の「湯島」は、「ゆ・しま」と考えるか、「ゆし・ま」と考えるかで解釈が変わるが、入江の両側の本郷、上野の両岬が急峻だから、奥に深く引き込まれていくような入江だったはずである。やがて湯島から神田までは陸地化し、入江は大手町までになるが、不忍池から湯島、神田までを本郷と上野のふたつの岬に挟まれた大きな入江と考えることは、この地域全体の未来にとって今も有効である。

神田川や渋谷川では、川並景観の最も重要な流域が首都高速道路で台無しになり、不忍池から湯島、神田に向けての景観も、今日ではかつての姿を想像するのは困難だ。しかし、東京に無数に存在する谷や窪地、沢、池等のなかで、自然地形と街の結びつきが今も生きられたかたちで残っている地域もある。その代表のひとつが下北沢であろう。目黒川の上流、北沢川が南方を西から東に流れ、これに合流するいくつもの小川、水路が折り重なって、下北沢駅付近が深い谷になるような地形が形成されてきた。井の頭線でも池ノ上までは台地の上で、そこから急峻な崖があり、下北沢の谷に落ち込んでいく。下北沢の商店街はこの谷間に沿って広がっており、その意味ではふたつの台地に挟まれた不忍池から湯島にかけての一帯とも同じ入江・谷間の街であるとも言える。谷筋の複雑に坂が入り組んだ地形であることがおそらく関係していると思われるが、この街には最近まで大きな自動車道路が入らず、細かい道が迷路状に発達してきた。そしてこの迷路状の細かい道の発達が街の大きな魅力となり、演劇・音楽からファッションまでの若者たちの文化を集めてきた。

下北沢で興味深いのは、今日のようにこの街が若者文化の街となる以前から、文学者たちがこの街の潜在的資質を見抜いてきたことである。昭和初期の下北沢を描いた萩原朔太郎の「猫町」(一九三五年)は、谷間の街・下北沢の迷路性を見事に看破している。

私は町の或る狭い横丁《よこちょう》から、胎内めぐりのような路《みち》を通って、繁華な大通《おおどおり》の中央へ出た。

そこで目に映じた市街の印象は、非常に特殊な珍しいものであった。すべての軒並《のきなみ》の商店や建築物は、美術的に変った風情《ふぜい》で意匠され、かつ町全体としての集合美を構成していた。しかもそれは意識的にしたのでなく、偶然の結果からして、年代の錆《さび》がついて出来てるのだった。それは古雅で奥床《おくゆか》しく、町の古い過去の歴史と、住民の長い記憶を物語っていた。町幅は概して狭く、大通でさえも、漸く二、三間《げん》位であった。その他の小路は、軒と軒の間にはさまれていて、狭く入混《いりく》んだ路地《ろじ》になってた。それは迷路のように曲折しながら、石畳のある坂を下に降りたり、二階の張り出した出窓の影で、暗く隧道《トンネル》になった路をくぐったりした。南国の町のように、所々に茂った花樹が生《は》え、その附近には井戸があった。至るところに日影が深く、町全体が青樹の蔭のようにしっとりしていた。娼家《しょうか》らしい家が並んで、中庭のある奥の方から、閑雅な音楽の音が聴《きこ》えて来た。大通の街路の方には、硝子窓のある洋風の家が多かった。理髪店の軒先には、紅白の丸い棒が突き出してあり、ペンキの看板にBarbershopと書いてあった。旅館もあるし、洗濯屋《せんたくや》もあった。町の四辻に写真屋があり、その気象台のような硝子の家屋に、秋の日の青空が侘《わび》しげに映っていた。時計屋の店先には、眼鏡をかけた主人が坐って、黙って熱心に仕事をしていた

もちろん、ここでは下北沢が明示的に語られているわけではないが、萩原は一九三三年より下北沢に自宅を自ら設計して移り住んでいる。住んで間もないころ、その下北沢の街が萩原にどう映ったかが表現されている一節である。谷間に展開する街の圧倒的な迷路性がモダニズムと

一体化している。江戸・東京の左半分に、無数の谷や窪、沢や池を内包していたことは、要するに計画的に整序された道路は街の内側まで入っていきにくかったことを示しており、自生的に発達する都市は自ずと迷路のような街並みを呈していく。

群島としての東京・ヴェネツィア

まさにこの水系と一体化した旺盛な迷路性こそ、東京のみならずヴェネツィアに代表される「水の都市」の最大の特徴でもあった。ヴェネツィアに関して言うならば、この街を訪れる者が必ず経験することは、とにかく道に迷うということである。地図を持っていても道に何度も迷う。何度も迷っているうちに、それが新しい風景の発見にもつながり、だんだんとそれが心地よくなってくる。おそらくこれが多くの人が実感するヴェネツィア体験であろう。ヴェネツィアのひとつの価値は迷路性にある。普通に考えれば、広い道があればその先にも広い道が続いていると予想するが、その道がだんだん狭くなって最後に行き止まりになる。他方、ひどく狭い道を進んで行けば行くほど、どんどん続いている。こうしてわれわれの都市に対する自明性を崩されるのだが、それは真に演劇的な経験であり、ヴェネツィアはそうした演劇性を本質的に備えている。規模こそ違え、下北沢が演劇と音楽の街になっていったことと、ヴェネツィアが祝祭やビエンナーレの街になっていったことの間にはどこか通じるものがある。下北沢の迷路性は、東京特有の微地形、川や谷、窪、池の多さに由来したが、ヴェネツィアの迷路性は、この都市が無数の島の集合体であることに由来している。島の集合体＝群島としてのヴェネツィアは、それぞれの島の多様性を残したかたちで都市を形成していることがこの都市の力となってきた。

シンポジウムのなかで論じられたヴェネツィアと別府の類比性は、もっと直截かもしれない。別府の場合、都市が「湯の上に浮かんでいる」イメージがあるという。残念ながら、東京の「湯島」には、その名とは異なり、とても現状では「湯」の上にも、「水」の上にも浮かんでいる都市のイメージはない。その一方で、別府で重要なのは瀬戸内海航路との結びつきであった。瀬戸内海を行き交う数多の船が、島々をつないでネットワークをつくり、その結びつきは日本海、東シナ海や太平洋へと広がっていた。かつて東アジアと日本の畿内や関東を結ぶルートは、ほとんどが瀬戸内海を通って畿内に入ることになっていた。この瀬戸内海には約七〇〇の島があり、日本全体では約六八〇〇の島（無人島を含む）がある。六八〇〇島のうち二〇〇〇島以上は長崎や鹿児島を中心に九州地方に集中しているが、瀬戸内海は九州地方に次いで島の多い地方といえよう。ちなみにフィリピンには、日本よりやや多い七一〇〇の島があり、インドネシアには約一七〇〇〇の島がある。日本からフィリピンやインドシナ半島、インドネシアまでの東アジア沿岸地域と西太平洋地域を合わせれば、おそらくは五万にも及ぶ島々がこの一帯に存在しているであろう。この数は世界最大であり、東アジアは他に例を見ない巨大な島嶼地域ということになる。

おそらく文化の問題を考えるときに、〈大陸〉モデルと〈群島〉モデルというふたつのモデルが考えられるのではないか。今日、大量生産、大量消費が全域化する状況は逃れがたい。そうしたなかで〈大陸〉モデルは、標準化、均質化をまず志向する。多様性は標準化がなされた先で追求される価値となる。しかし、多様性について考えていくと、それぞれが個性をもった島々のような仕方で社会を組織することも不可能ではないのではないかと思われてくる。ここでいう〈群島〉とは、多数の多様で小規模な交流点の網の目のように結ばれた連なりである。そこでは、一つひとつの交流点は規模が決して一定以上に大きくはならず、そこに集まる人びとの間には〈なじみ〉の関係が保たれているのだが、それが相互にリゾーム的に結びつき、知識や資源、技術をやりとりし、広域的なネットワークを形成していくような場のあり方である。このような社会モデルが、グローバル化が進む二一世紀初頭に改めて浮上しつつある。そこでこの社会形態に対応する都市のありようを、数百年に及ぶ長い歴史のなかで考えようとしてきたわけだ。ヴェネツィアはあきらかに群島的な都市であり、その群島性は独特の迷路的な構造に具現されている。東京においても、谷や窪、沢、川、池といった窪地が起伏に富んだ襞のような地形のなかに組み込まれているこの都市の構造が、群島的な都市を育む重要な基盤をなってきたと考える。

二一世紀は、新たな大航海時代を迎えつつある。今日のグローバリゼーションの起源を遡るなら、一六世紀の大航海時代にまでたどり着く。もちろん、一六世紀にグローバルな海路のネットワークに諸地域が組み込まれていったのと、二一世紀のグローバル化に私たちの社会が組み込まれているのは同じではない。「占領された／占領する」東京が具現していったのは〈大陸〉的な画一化・普遍化の論理であった。だが、東京にも川や池、谷、窪をつなぐように形成されてきた〈群島〉的な地域が存在する。そうした〈群島〉としての東京の地層に注目することで、台地の表層のレベルで展開してきた江戸・東京の占領史を相対化する視点を得られるだろう。そのために、遥か遠方のヴェネツィアの迷路性、群島性は多くの示唆を含む。ヴェネツィアはそのネットワークの媒介領域に多数の魅力的な広場が配置されていることがこの都市の大きなポテンシャルだが、東京で同じような群島的ネットワークを探そうとすれば、下北沢ならずとも多くの入り組んだ微地形を利用した地域にそれを見出すことができる。

肝要なことは、このような〈群島〉の都市と既述した〈占領〉の都市の両方がこの東京には共存していることである。それはたとえば六本木周辺で、六本木ヒルズや東京ミッドタウンのような巨大再開発地域の背後に曲がりくねった細い道や坂、再開発地区とは対照的な風景が現存していることが証明するだろう。また、上野周辺には、徳川幕府による〈占領〉を通じてでき上がった地域と、それを〈再占領〉し、博覧会場や美術館、動物園の並ぶ〈近代〉の展示場に改変していった明治政府の意志の痕跡だけでなく、たとえば谷中・根津・千駄木から湯島に至るまで、低地に沿って〈群島〉的な都市の広がりも認めることができる。東京はヴェネツィアよりもはるかに巨大な都市だから、〈群島〉的な論理だけでこの都市を組織することはできない。むしろ〈占領〉と〈群島〉、ふたつの原理の組み合わせをどう創造的にデザインしていくか。これを五〇〇年に及ぶ近代の歴史のなかで読み直すことを通じ、この都市の未来についての手掛かりが得られていくはずである。

02

STUDY

論考

ヴェネツィア、歴史が現代へ結びつく魔術的な島

アメリーゴ・レストゥッチ

ヴェネツィアの文化的なアイデンティティは都市の長い歴史によってのみもたらされたのではない。この群島都市が獲得した唯一無二の現代性は、当時の社会状況を敏感に察知しながら、歴史の継承を何よりも重んじた先達によって命脈が保たれてきたのである。ここではヴェネツィア・ビエンナーレの開催を支えるボードメンバーの顧問で、ヴェネツィア建築大学学長を務めるアメリーゴ・レストゥッチ氏に、実践者ならではの視点から、過去から現在に至るまでの社会と文化の関わりを綴ってもらった。

ヴェネツィアと文化。〈ヴェネツィア〉という都市と、そこでの活動における重要な構成要素である〈文化〉。しかしながら、我々はいったいヴェネツィアのどの側面に対して問いを投げかけているのだろうか。数々の顔を持つヴェネツィアについて語られたこのシンポジウムは、社会的階層、社会団体が街の行く末について抱く不安や、階級間の差を持つ都市としてのヴェネツィアを明確にしようとする、すばらしい試みだった。

ヴェネツィアでは、聖と俗、文化事業と施政方針との間に矛盾が存在しない。むしろ、おそらく世界で最も大きな、人が生活を営むことができるこの島は、あらゆる場所でさまざまな活動が文化的価値をもたらすようなモザイク構造を持っており、その内側で、文化事業や施政方針が成立していると言える。

この都市では、建築、地図学、また数々の〈技術〉が、それぞれの生活や文化的表現のクオリティを根本的に決定づけるような貢献を行っている。ヴェネツィアでは、政治活動、宗教的な不安、芸術、科学、建築が、すべて特異なかたちでつながり合っているのである。歴史学は、相応の〈文献学的〉研究でもって、さまざまな学問における科学の立証を促しているが、ヴェネツィアにおいてもまた、知識は行動と切り離されることはない。文化と実践的政治との融合は、つねにこの都市ならではの特徴であり続けてきた。

この〈魔術的な島〉を定義づけるすべての要素とさまざまな〈介入者〉とをつなぐこの赤い糸を、〈歴史〉との関わりのなかにのみ見出そうというのはあまりに単純だろう。ここで言う介入者とは、たとえばベッリーニ、チーマ・ダ・コネリアーノ、ティツィアーノのような画家であり、サンソヴィーノ、パッラーディオ、スカルパ、ガルデッラ、アールト、ズヴェーレ・フェン、シューセフたちのことであり、そして彼らが設計したビエンナーレのパビリオンも含まれる。このようにして、文化を包容する〈大きな家〉であるヴェネツィアという都市を理解することができる。しかし、それだけではない。海運業から商業、政治システムから絵画、音楽、芸術という文化一般に至るまで、莫大な経済力や政治力に裏付けされたかつての富裕な発注者たちの記憶を抱えた〈気高い都市〉にここで思いを馳せてみよう。そうすればこの街がどれほどのものを生み出してきたか、そして今も生み続けようとしているのか、ヴェネツィアの偉大さは自ずと知れてくるはずだ。

ヴェネツィアにおけるビエンナーレ、それはヴェネツィアの近代史上重要な、あるいはこの街を基礎づけるものの一部である。イタリア王家の者やガブリエレ・ダヌンツィオらが出席した一八九五年のその始まりから大反響を巻き起こし、さらに国際的な信用に厚い、文化、演劇、その他のさまざまな事業を司る最大規模の機関である。一八九五年、ヴェネツィア・ビエンナーレのイベントは、当初から国際色の強さが際立ち、その美しさにもかかわらず、弱々しく物静かな〈海の砂上の幽霊〉とささやかれていたヴェネツィアを、アイデンティティの危機から救い出す力となった。そして今もなお、美しくも儚い島はラグーナ（潟）の水面にその姿を浮かびあがらせている。もはや、どれが街で、どれがその影であるのかは曖昧なほどの虚ろさを見せながら。

ビエンナーレは、ジャルディーニやリド島といった海岸沿いで開催され、多数のパビリオンによって、都市の空間が持つ神話を我々に再び投げかけている。それはまるで、より大きな神話のなかに存在する神話とでも呼べるものだ。これこそがヴェネツィアなのである。

近年開催された数々の文化的プログラムが、〈水に浮かぶ都市〉という形態を最大限に利用することで、この都市を人びとやさらなるイベントを惹きつける場として成立させている。その好例はバイロン男爵、アルフレッド・ド・ミュッセ、テオフィル・ゴーティエであり、トーマス・マンに至っては一九一二年に海側からヴェネツィアに辿りつき、サン・マルコ広場前の小湾にさしかかるとたちまち、〈この都市の唯一無二さ〉を悟ることになる。

島という自然によって魅力を与えられた文化的プログラムが、つねに討論やしばしば論争を促す数々の〈文化革命〉を巻き起こすことができる場所——ヴェネツィアとはそのような都市である。しかしながら、それもまた都市の力であり、あるいは少なくともその力であってきた。というのも、今となっては年間を通し主要な文化的プログラムが行われるかぎられた瞬間においてのみ、この街は芸術や文化の〈歴史的〉中心地として返り咲くからである。そのため、大学やビエンナーレは、凡庸な企画に色付けられたプロジェクトや過去への見せかけの敬意に満ちたプロジェクトを避け、現代へと結びつくようなプロジェクトや継続的な活動を行いながら、脈々と受け継がれてきた都市の歴史を生き生きとしたものに維持しようと懸命に取り組んでいる。

今やヴェネツィアの実質的な強みは観光となっている。この都市はあらゆる機関を駆使し、ヴェネツィアの真のイメージを損なうことなく、すばらしい斬新な〈都市の壮観〉や自由な文化的選択に支えながら展開される文化的プログラムの数々によって、この場がさらに魅力的なものとなるエピソードに観光が関わりをもつよう努めている。

03

LECTURE
講演

祝祭性豊かな歴史的都市空間

陣内秀信
樋渡 彩

ヴェネツィアの人びとは、既存の都市空間からいかに歴史性をくみとり、文化的な仕掛けに活かしているか。この仕掛けは、周囲を水に囲まれ、迷路状に街路がはりめぐらされたヒューマンスケールの都市空間で、どのように特徴づけられるものなのか。ヴェネツィアの歴史と都市空間を長年研究してきた陣内秀信氏と樋渡彩氏による講演から、祝祭性豊かな都市の歴史をたどり、場所の文脈や固有性を生かしたマネジメントの術と持続力が生み出す現代性に迫る。

陣内秀信―本日はヴェネツィア建築大学学長のレストゥッチさんを招いた、非常に価値あるこのシンポジウムの基調講演をやらせていただけるのをとても嬉しく思います。横浜はまさにヴェネツィアのような水辺の都市であり、日本を代表する文化の発信地のひとつです。その特徴をさらに生かして横浜をアピールしていくうえでも、ヴェネツィアの経験から学ぶということは大いに意味のあることだと思います。

ヴェネツィアは世界の人びとを魅了し続けていますが、そこにはふたつの理由があると思います。ひとつ目は、水上の迷宮都市としての、不思議でマジカルな魅力を持つ環境と空間です。そしてふたつ目は、それを生かした文化的な仕掛けとその発信力だと思います。それらは今もずっと発揮されているものですが、それはまさに歴史のなかで育まれたものです。その歴史の経験を現代のクリエイティブなセンスで生かしているからこそ、現在のヴェネツィアがあるのです。ここではそれを歴史的なパースペクティブで振り返ってみたいと思います。ヴェネツィア共和国時代、中世の早い段階から一〇〇〇年も続いた一八世紀までを私が担当し、後半に一九世紀以後から現代に至るプロセスを樋渡彩さんにお話してもらいます。

ヴェネツィアはまさに水と共生する街です。ヴェネツィアの人びとはよく自分の街を、世界に唯一の都市、「チッタ・ウニカ」と呼びます。このラグーナ（潟）の上に発展した個性豊かな都市は、水に包まれた自然と共に呼吸し、季節や時間と共に刻々と表情を変えます［図1］。ヴェネツィアがラグーナの上に成立している様子を示す絵がいくつもあります。アドリア海、リド島などの島があり、浅い内海のラグーナにたくさんの水路が巡っている独特な地形です。海水が出たり入ったりすることでラグーナの水を浄化しており、そこに浮かんでいる浮島がヴェネツィアなのです［図2］。この街の特徴は、小さな建物のすべてが輝いている、どの街角も個性的である、という点

［図1］世界で唯一の都市 città unica

［図2］ヴェネツィアのラグーナ（一五四六年）

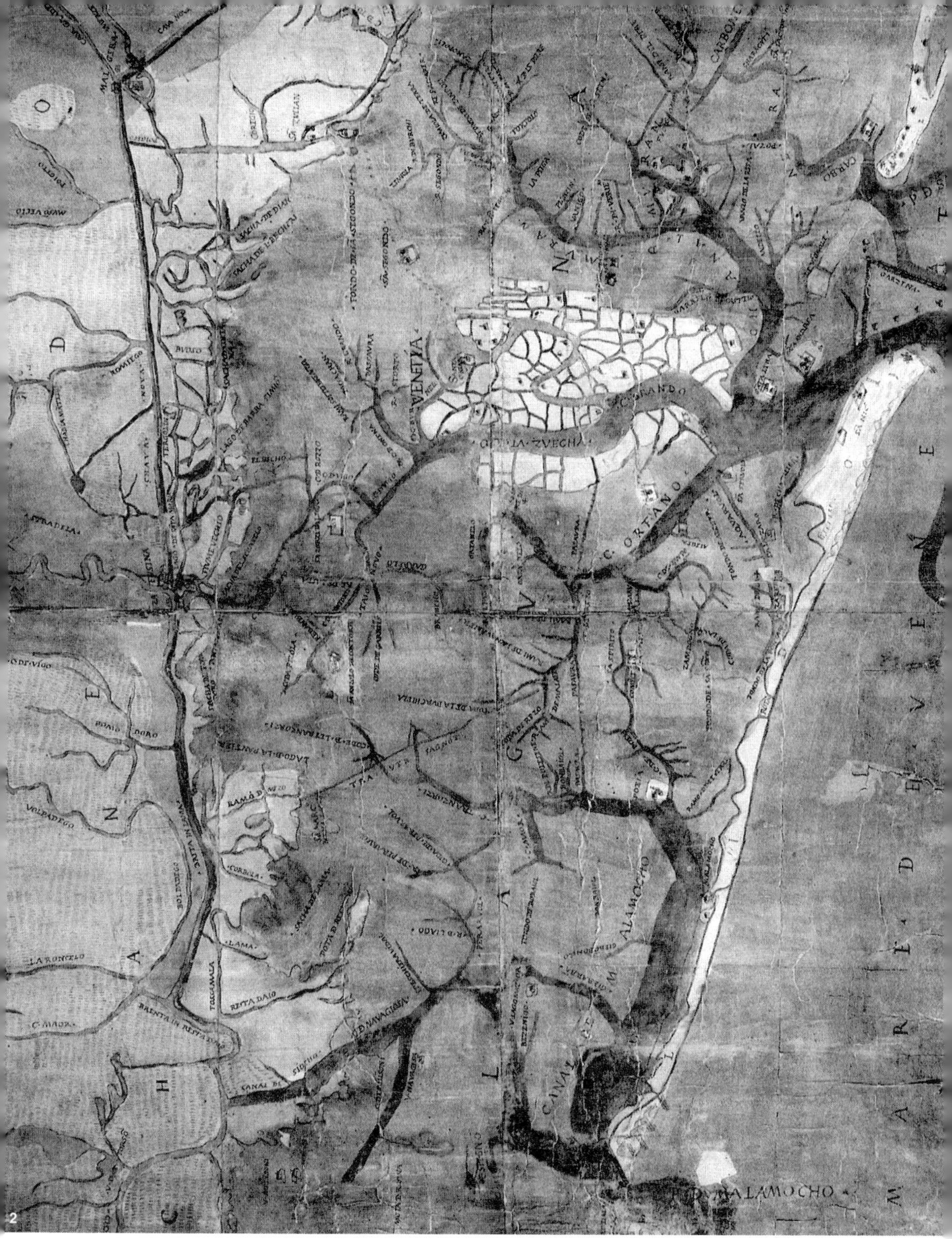

2

です。こういった街はなかなかありません。ヴェネツィアの小さな建物に着目した名著『ヴェネツィアの小建築』(Venezia minore)という本が、一九四八年に出版されています［図3］。私はこの著者のE・R・トリンカナート先生のもと、ヴェネツィアで勉強をしました。ヴェネツィアは一つひとつの敷地、運河、広場が関係しながら、有機的に形成されています。環境と一体となって魅力を発信している、そういった点に着目したこの本は、まさに画期的でした［図4］。一九四八年に、ヴェネツィアの細部からの魅力を解き明かしたのです。この本では、運河に面した一三世紀の小さな建物を取り上げ、運河と一緒に外観を描き、マイナーな小建築の魅力を平面図、断面図によって細部から解き明かしています。そして、そういった細部が集積してできあがっているヴェネツィア全体の不思議な成り立ちを解き明かす、その「都市を読む」という考え方がヴェネツィアで一九五〇年代終わりから一九六〇年代にかけて確立されました。

サヴェリオ・ムラトーリ、そしてその弟子のパオロ・マレットのふたりが徹底的に都市を調査して、ふたつの概念をつくりました。建築のタイポロジーと、アーバン・ファブリックです。このヴェネツィアを解読する、まさに都市を読むという方法をヴェネツィアからスタートさせました。私も幸いにして、そういった本と出会い、マレット氏とも交流しながら、ヴェネツィアを研究する機会に恵まれました。毎日スケッチブックやカメラ、古い地図を持ってヴェネツィアを徘徊し、この街について考えてきました。ヴェネツィアのマジカルな力とは、ひとつは中世に形成されたヴェネツィアの有機的構造をもつ基礎の部分です。そしてそこに、ルネサンスやバロックの美しいランドマークとなる象徴的な建築が加わり、その両方の次元の絶妙な組み合わせで水都ヴェネツィアが成り立っているのです［図5］。

［図3］一九四八年に出版されたE・R・トリンカナート著『ヴェネツィアの小建築［*Venezia minore*］』の復刻版（二〇〇八年）

部分から全体が組み立てられた都市

陣内――まず基礎となる中世ですが、このような状態が九世紀あたりからありました。そこにさらに手を加えて、埋め立て造成をし、水上の迷宮都市ができました。運河と陸の道のふたつの複雑なネットワークがお互いに重なっていて、非常に有機的な構造をつくっています［**図6**］。古い地区ほど運河は曲がっており、その周辺の一三世紀、一四世紀ごろに形成された運河は直線です。ところどころに黒く空いている場所が広場で、ピアッツァ・サン・マルコ（サン・マルコ広場）、そして地区広場のカンポです。カナル・グランデも、半分は人工的であり、半分は自然によるものです。こうして、非常に理に適った素晴らしい不思議な街ができました。ヴェネツィアを解読することはとても面白いスリリングな作業なのですが、慣れてくるとこの街がどのようにできたのかすぐにわかるようになります。たとえば、

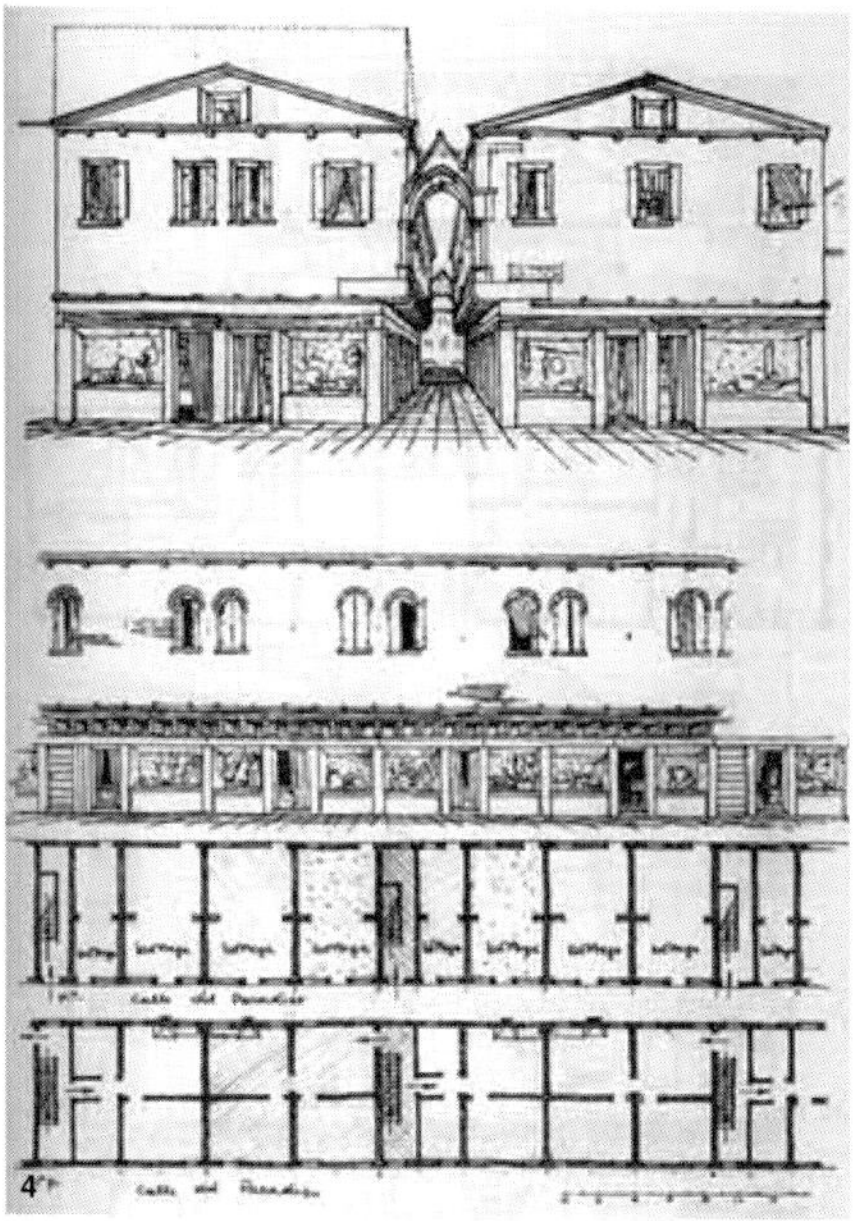

4

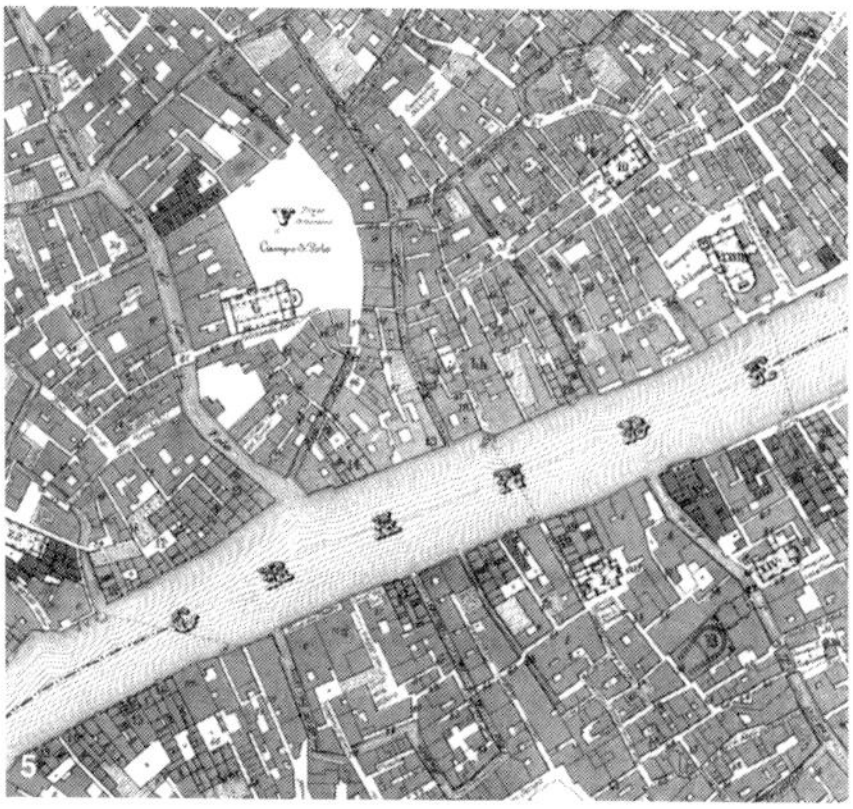

5

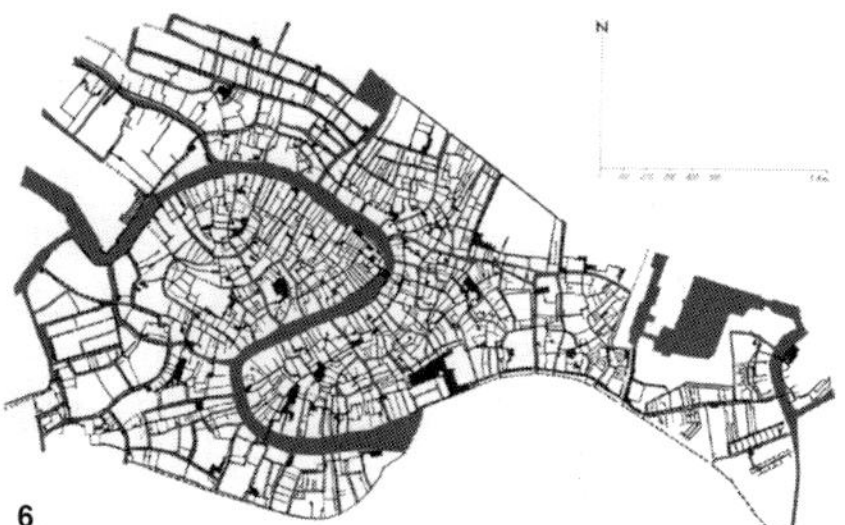

6

［**図4**］E・R・トリンカナートが描いたヴェネツィア小建築の図（前掲書より）

［**図5**］都市組織を詳細に示すコンパッティの地図（部分、一八四六年）

［**図6**］水路と道のふたつの複雑なネットワーク
G.Perocco, A. Salvadori, *Civiltà di Venezia*, vol.1, Stamperial di Venezia, Venezia 1973

古い建物ほど直接水から立ち上がっています[図7]。新しい建物ほど、両側に道がついているのです。このように、ヴェネツィアは時代の流れとともに、建物のつくり方の作法を変えつつ、それらが全体を構成することで、複雑な空間が成り立っているのです。道はあとからつくられたものであり、橋は最後に架けられるものだったので、最初はそれぞれの島が独立していました。だんだんとお互いを結び、ネットワーク化されていくのですが、したがって、多くの橋は捻じ曲げられています。ポンテ・ストルト（捻じれた橋）と言いますが、こうしてヴェネツィアの部分から全体を組み立てていくという、不思議なかたちが成立したわけです[図8]。最初からマスタープランがあってできたわけではありません。つじつまを合わせながら街全体を機能的にし、連続的にたくさんの中心をつくりました。その一番重要なものがサン・マルコ広場であり、リアルト・マーケットです。ヴェネツィアは中世のある段階から馬の通行も禁止し、歩くことと船を移動手段の絶対的な条件にしました。それゆえ、道は歩く人のスピードと感性に合わせてつくられています。要所要所に、つくり手が工夫をしたワンポイントのアクセントによって、歩く人の目を楽しませてくれます[図9]。「神は細部に宿る」という言い方もありますが、ヴェネツィアはまさにその言葉を感じさせる都市です。このアイ・ストップの位置、橋の向こう側、船着き場、トンネルと橋のあいだなどに、聖母マリアの彫像がたくさん置かれています。ヴェネツィアという街は、歩く文化、見て楽しむ文化という特徴を持っているのです[図10]。

建築の設計においても、じつにヴェネツィアらしいセンスを発展させてきました。敷地はすべて歪んでいます。直角のコーナーなどはありません。運河沿いのT型の敷地に、ヴェネツィアが培ったノウハウのすべてを投入して、コルテという外階段を持つ中庭をつくります[図11]。そして、水側にこういったファサードを三分割でつく

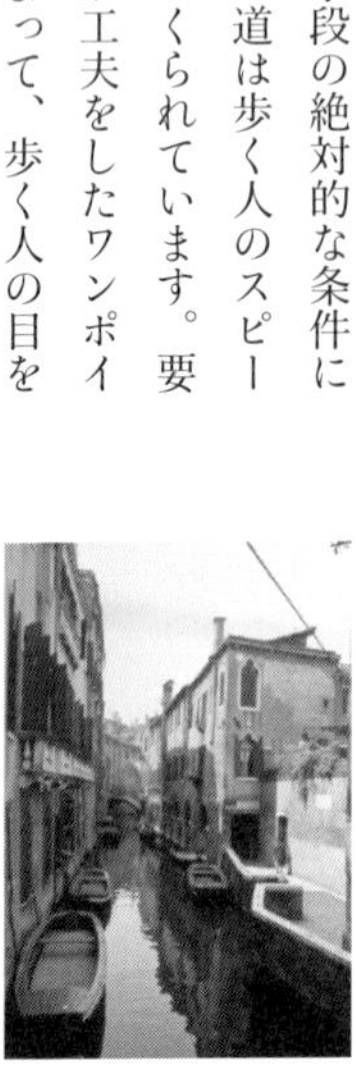

[図7] 建物が水から直接立ち上がる湾曲した古い運河

[図8] ポンテ・ストルト

[図9] 歩く人の目を愉しませる窓の装飾

[図10] 神は細部に宿る

[図11] 最もヴェネツィアらしい住宅 パラッツォ・ソランツォ・ヴァン・アクセル（一五世紀）

9

8

11

10

る。ここは家族が上下に重なっている、非常にヴェネツィアらしい一五世紀の建物ですが、なかに入ると、外側の華やかな特徴と、うちに秘められた非常に居心地の良い中庭があります。これはアラブ諸国と共通したつくりです。水と緑によって地上に楽園をつくるという、アラブ的な考え方がヴェネツィアにも入ってきたのです［図12］。

東方とのつながり

陣内―もうひとつの大きな特徴は、オリエントとの交流が見られる点です。D・ハワードというイギリスの研究者が、ヴェネツィアと東方とのつながりを論じた本を出版しています［図13］。私も以前からその点に注目していたのですが、一二世紀ごろは、オリエントの文化のほうが進んでいました。そういう要素をどんどん取り入れたヴェネツィアは西欧のなかのオリエント都市とも呼ばれています。これはまさに海洋都市ならではの国際性であり、ヴェネツィアでは多文化、多言語、多民族が共存をしているのです。そしてそれがヴェネツィアの文化力にもなっているのです。ヴェネツィアの拠点として、あちこちに居留地や植民地ができました。アドリア海からエーゲ海、アレクサンドリア、ダマスカス、アレッポ、コンスタンティノープル。それだけ、進んだ文化が入ってきたのです。ヴェネツィアにはエキゾチックな、オリエンタル風の建築がたくさんあります。一二世紀、一三世紀のカナル・グランデ沿いの貴族の商館というのは、すべて東方とのつながりのなかで生まれました。ですからヴェネツィアは、もともと国際性、異文化との共存といったものを内包している都市なのです。ところが、私が留学していた一九七〇年代前半には、ヴェネツィアの人びとはあまりイスラムとの交流や関係に注目しておらず、むしろそれを無視しているように見えました。しかし、やはりその点が重要であることが認識されるようになり、二〇〇七年にはパラッツォ・ドゥカーレでこのようなヴェ

［図12］パラッツォ・ソランツォ・ヴァン・アクセルの秘められた小宇宙のような中庭

［図13］ヴェネツィアと東方とのつながりを論じたD・ハワードの著書
D. Haward, *Venice & The East*, Yale University Press, 2000

ネツィアとイスラムの関係を提示した大きな展覧会が開かれています。いかにヴェネツィアがイスラムから影響を受けたかということが評価され、成熟したヴェネツィアが今度は逆に世界に影響を与えているという点も論じられた展覧会です。ドナテッラ・カラビさんという、レストゥッチ先生の同僚の歴史家が言っていることですが、ヴェネツィアとはまさに海に座す、海からのアプローチが重要な都市です。オスマン帝国のピーリー・レイースという地図学者が描いたイスラム風のヴェネツィアの地図がありますが、まさにこの都市は海の側から見られるものでした。そして、ヴェネツィアの重要な場所であるカナル・グランデが歴史的に形成されていきます。同時にリアルト・マーケットもヴェネツィアの文化力を考えるうえで非常に重要な場所で、水の都市の象徴軸です。リアルト・マーケットはまさにヴェネツィアの都市の国際性を持つ市場であり、オリエント・バザールと非常に共通した特徴を持っています。

世界に誇る劇場的空間

陣内―水から直接立ち上がる建物、これは世界中から訪れた人びとを一様に驚かせていますが、それこそがまさに「チッタ・ウニカ」をつくり出す最大の理由と言えます［図14］。G・ジャニギアンという私の友人が最近出版した本で、地下の構造を非常によく描いたものがあります。ヴェネツィアの地上の美しさだけに感心していてはいけません。地下に壮大な木の杭の森があるという想像力を働かせていただくと、ヴェネツィアの魅力の秘密がわかると思います。そして、このカ・ドーロという邸宅［図15］。水に開放されたほかの都市ではあり得ない建物です。中世では外敵から守るために、閉鎖的な建物が多かったのですが、ヴェネツィア人は中世の早い段階からこのようなオープンで華やかな舞台をつくりあげていました。横浜とも共通する港湾都市でしたので、物流機能も併せ持っており、アラビ

［図14］大運河沿いに建つカ・ダ・モスト（一二-一三世紀）

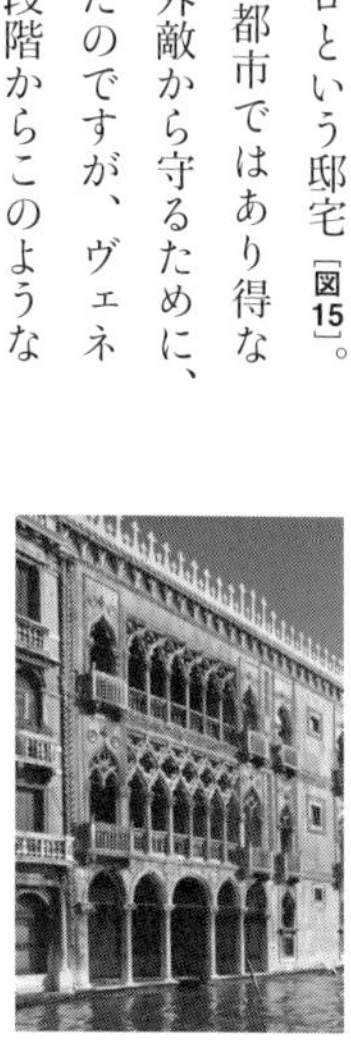

［図15］水に開放的な最も華麗なる邸宅カ・ドーロ（一五世紀前半）

ア語を起源とするドガーナという税関があり、ここがカナル・グランデの入り口となっています［図16］。リアルトの橋は、中世において木の橋でした［図17］。それが一六世紀後半に、凱旋門のような素晴らしい舞台装置としての石の橋に変わります。ヴェネツィアの象徴として、国際性・祝祭性を発揮するモニュメントとなったのです。もちろん、ヴェネツィア全体が国際的な機能を持っているのですが、とくにサン・マルコ広場とリアルト・マーケットが人びとを惹きつける拠点でした。高級なものを商うと同時に、魚や野菜などの日常品を売る場所。またその裏にはアンダーグラウンド的な芝居小屋や遊郭もありました。世界からやってきた人びとをもてなす空間が、内側に潜んでいたのです。このように、華やかに着飾った人びとが集まる場所でもあり、その裏にはアンダーグラウンドな世界が広がっていたのです。今でも［図18］のド・モーリという居酒屋は有名です。その上には宿があり、そこには夜の女性も登場する、というような場所でした。［図19］は、かつてのヴェネツィアにあった最初期の常設劇場の跡地です。

ヴェネツィアは、そもそも人口の一割が外国人であった国際都市だったとも言われています。当時の外国人とは、イタリアのフィレンツェやルッカの人びとも含まれていました。ユダヤ人、ギリシア人、アルバニア人、ドイツ人、ペルシア人、トルコ人のコミュニティが数多くあり、つまり多文化、多言語、多民族という異文化共存の都市でした。そういった歴史が、現在の国際性やオープンなもてなしという点につながっているのだと言えます。そして、華やかな文化活動の舞台として重要であったのが広場です。広場はふたつあり、ひとつはローカルコミュニティの中心としてのカンポです。七〇ほどの教区があったのですが、それぞれにひとつのカンポがあり、教区の教会がありました。貯水槽があり、これはヴェネツィアの広場の最大の役割のひとつであり、雨水はすべて地下の貯水槽に

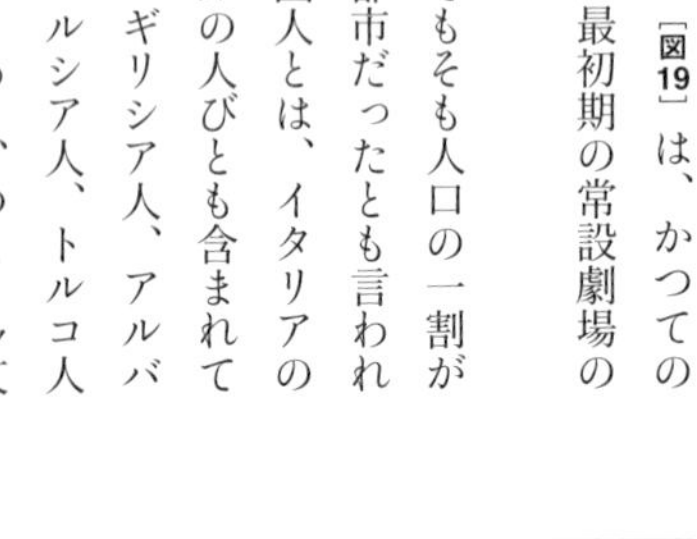

［図16］カナル・グランデの河口に立地する海の税関

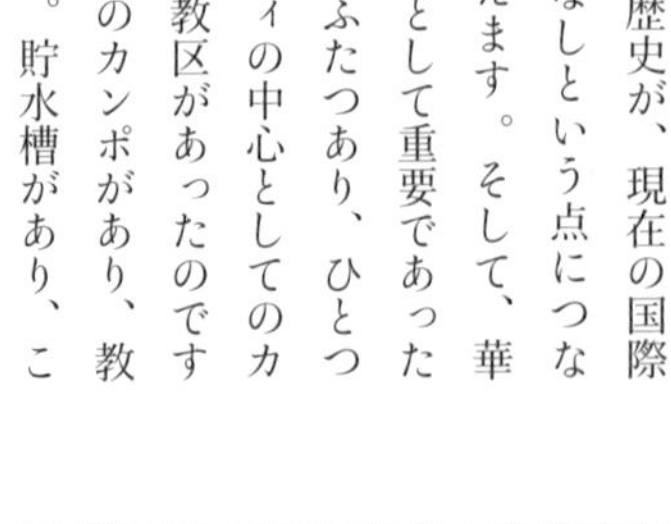

［図17］国際性、祝祭性を発揮するモニュメントのリアルト橋

貯水され、それを飲料水や生活用水にしていました。人々が集まる根拠となっていたのです。冬場、太陽が輝くと今でも人が集まり、コミュニティのサロンとなっています。そして、最も重要なのがこのサン・マルコ広場です［図20・21］。［図22］は一五世紀末に当時のオランダから来たE・レヴィックという画家が描いた景観画ですが、現在の景観とあまり変わっておりません。ルネサンスに変化しますが、基本的な中世の構造はできあがっています。ここがさまざまなステップを踏みながら、一〇〇〇年近くの時間をかけて現在のような姿になるのですが、まさに計画的かつ幾何学的につくられた共和国を代表する広場で、ここだけがピアッツァと呼ばれています。これが世界に誇るエンターテイメントの空間になっていきます［図23］。同時に都市＝文化の統合装置でもありました。つまり権力装置であり、政治と宗教と文化の中心でした。ここでは繰り返しパフォーマンスが行われてきており、中世には現在も続けられている宗教行列が主に行われ、ルネサンス以降は演劇、祝祭がさまざまに展開していきます。コンメディア・デラルテのようなものも登場します。

ウォーターフロントがもたらす象徴性

陣内　中世の段階ではサン・マルコ広場は非常にオリエンタルな顔を持っており、それがルネサンスになると古典的で西洋的な建築のボキャブラリーに変わっていきます。これはヴェネツィア建築大学の歴史・建築史で有名なM・タフーリが言ったことですが、アンドレア・グリッティという総督の時代に、都市の革新が行われ、とくに水面に開いたピアツェッタ（小広場）に西洋的・古典的な形態がサンソヴィーノという建築家によって導入されたのです。中世からルネサンスに変わると、ヴェネツィアは理想都市の空間、そして演劇空間に変化していきます。そこではしばしば祝祭が行われ、アルド・ロッシの世界劇場というプ

［図18］リアルト・マーケットの裏に位置する居酒屋のド・モーリ

［図19］常設劇場の跡地、コメディア通り

ロジェクトも、ルネサンスの世界劇場の経験からインスパイアされて登場したものです。カーニヴァルのころの賑わいがまた蘇り、海外からもＶＩＰが訪れ、ヴェネツィアは平和外交を巧みに発揮し、世界中の国賓を歓待しました。そのもてなしのスペクタクルがサン・マルコ広場で開かれたのです。さまざまな演劇やスペクタクルが行われました。こうしてルネサンスに入ると、中世の不思議な水上都市空間に加えて、非常に力のある建築作品が建築家の手によって実現したのです。その最たるものが、まずはサンソヴィーノの図書館などでしたが、それと同時にラグーナの海に軸線が延びていきます。アンドレア・パラーディオのサン・ジョルジョ・マッジョーレ教会は、彼の田園でのヴィッラが田園に軸を延ばしているのと同じように、今度は海に軸を延ばし、サン・マルコ広場と対話しています。それによって、景観が大きく海に広がります。その同じパラーディオの作品であるイル・レデントーレ教会も、運河の側に正面を向けました。そして軸を延ばし、行き交う船にとっては舞台背景のような魅力をつくりだしました。ヴェネツィア市民にとっては、これが毎日体感できる素晴らしい記念碑的モニュメントとして、さりげなく街の風景のなかにあるということが重要です。その海に広がった意識から、海における儀式が一段と重要性を増していきます。この総督宮殿の前からブチントーロという船で総督がリドの海まで出かけていき、ここで金の指輪を海に投げ込み平和の祈願をするという、古代から続いているようなマジカルな儀礼が海を舞台にして行われます［図24］。

文化発信都市への飛躍

陣内―そして中世の基層の上に、ルネサンス、バロックが展開していく象徴として、カナル・グランデの意味が変わっていきます。それまで東方の物資を運ぶ経済空間だったのが、象徴的・演劇的な文化発

［図20］世界に誇るウォーターフロント

陣内秀信氏

22

21

24

23

26

25

28

27

信の舞台に変化していきます。したがって、それぞれの貴族の館のつくり方も大きく変わっていきました。東方風のエレメントから、古典的なルネサンスの建築に、そしてもてなしの社交場、ステータス・シンボルに、つまり演劇性や祝祭性を象徴した設計に変化していきました。カナル・グランデの入り口の税関もつくり変えられました。ここが現在は安藤忠雄さん設計の現代美術館になっています。その先の、大運河を少し入ったところに非常に優雅なバロックのサンタ・マリア・デッラ・サルーテ教会が登場します。カナル・グランデでも頻繁に祝祭が行われ、今もそれが継承されているわけです[図25]。そして一八世紀のパラッツォ・ラビアに象徴されるように、劇場、祝祭性、舞踏の間、トロンプ・ルイユという、まさに建築の設計やインテリアも変わっていきます。そしていよいよ本当の劇場が登場していく。劇場が十数軒もつくられました。最後につくられたのが、現在もあるラ・フェニーチェ劇場です。こうして劇場は来賓をもてなすための空間に使われ、そして市民のサロンとしても機能しました。同時にあらゆるカンポが演劇やパフォーマンスの舞台として使われました。それが最近はまた甦ってきて、カンポでの演劇、祝祭をたくさん見ることができます。ヴェネツィアの庶民が今でも生活を楽しんでいますが、その最たるものが七月の末に行われるイル・レデントーレのお祭りです。パラーディオの教会でそのお祭りが行われます。このようにジュデッカ運河に浮き橋が参道として架けられ、サン・マルコの沖には今でも市民が繰り出して水上で祝宴をしています[図26・27]。国際的に華やかなビエンナーレや映画祭が行われ、人びとを魅了しているのと同時に、歴史的につくられた水上や広場で市民自らが祝祭を楽しんでいることが、大きな特徴としてあるのです。一九九一年に自分で撮った写真を見ると、花火はまだそれほど派手ではなかったのですが、樋渡さんが撮った最近の写真は、とても華麗な花火になっていたので驚

[図21] サン・マルコ小広場（ピアツェッタ）

[図22] 水の側からサン・マルコ広場を描いたE・レヴィックの景観画（一五世紀末）

[図23] 演劇空間に変化するサン・マルコ広場

[図24] 「海との結婚」の祭り

[図25] 大運河でのスペクタル、レガッタ・ストリカ

[図26] ジュデッカ運河に浮き橋が参道として架けられるイル・レデントーレの祭り

[図27] イル・レデントーレの祭り

[図28] イル・レデントーレ教会の祭りの花火（二〇一二年）

きました［図28］。サン・マルコ広場の沖合いの水上に市民が繰り出しています。まさにこのサン・マルコ広場が文化発信の基地になっているのです。現在でもそこを大いにアピールして、市民と世界中から集まる人びとを魅了する最大のステージになっているということです。

私の話は以上となります。このように、歴史的に形成されたものをベースとしながら、近代化がどのように行われたのか、続いて樋渡さんにお話していただきます。

樋渡 彩―ここまで、ヴェネツィア共和国時代に形成されてきた世界に類例のない「チッタ・ウニカ」、水の都市ヴェネツィアを見てきたわけですが、実は現在に至るまでに、ヴェネツィアは大きな変化を遂げながら、文化・芸術の都市になっていったことをご紹介したいと思います。ヴェネツィアの大きな変化は外国の支配によってもたらされ、そこから近代化が始まりました。フランス、オーストリア、そして再びフランス、そしてオーストリアと支配されていきますが、まずフランス皇帝ナポレオン一世によって大きな変化がもたらされました。その顕著な例として、都市のなかにつくられた緑地帯が挙げられます。ひとつはサン・マルコ広場の近くにある王立公園で、ナポレオン総督官邸からサン・マルコ水域への視界を切り開くために、当時建っていた穀物倉庫を壊して造園されました。もうひとつは、今日の本題でもあるビエンナーレのメイン会場であるジャルディーニです。パリにも都市の周縁部に大きな森がありますが、そのような森林浴、乗馬を楽しむための場所として計画され、ヴェネツィアの東の端に憩い空間である森が誕生します［図29］。

二〇世紀の到来と新たな水上交通の台頭

樋渡―ヴェネツィアに最も影響を与えたものとして、オーストリア政府によって行われた鉄道の敷設があります。これまでは本土から切り離され、島として独立していた

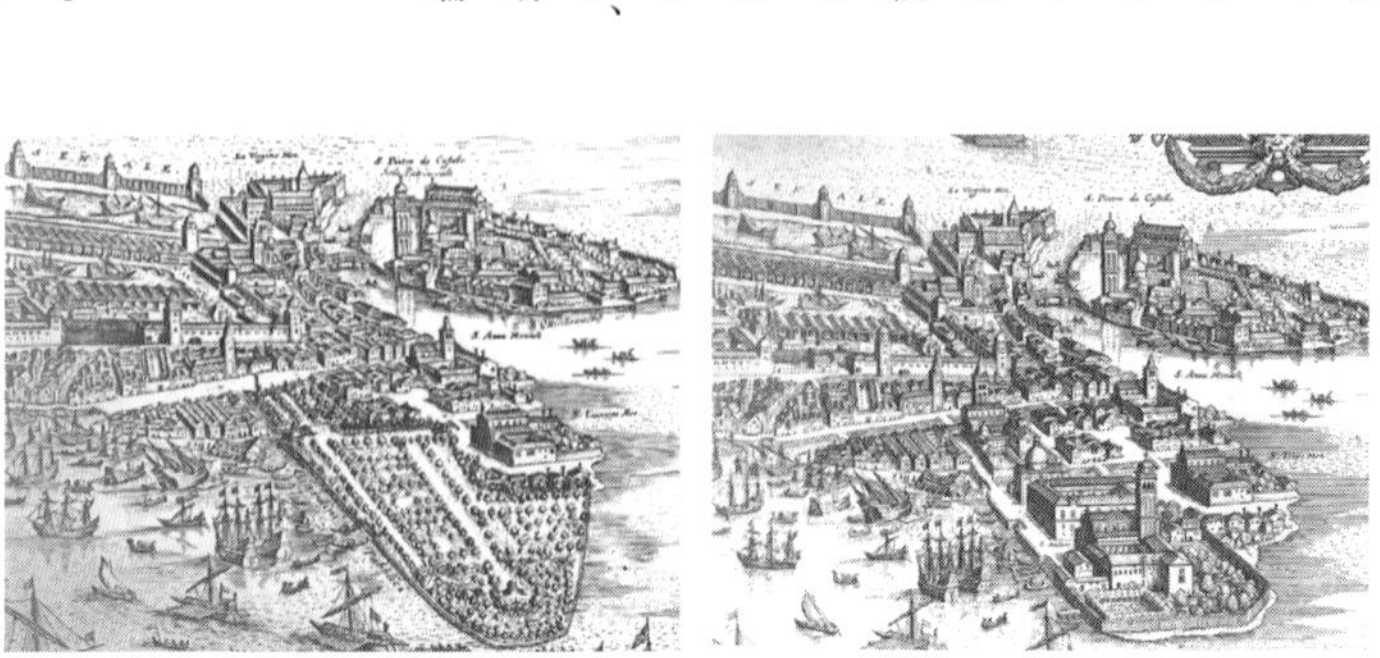

［図29］ジャルディーニ計画前後 Giandomenico Romanelli, *Le città nella storia d'italia*, Venezia, Roma-Bari, 1985, p.164.

樋渡 彩氏

ヴェネツィアですが、鉄道によって初めて本土とつながれました。都市の表玄関としての主要なアクセスが東のアドリア海側からだったのが、西の本土側からに変わるきっかけとなり、観光の促進にも大きな役割を果たしました。この鉄道の影響を受けて、合理化を図る近代的な論理により、港湾地帯も鉄道駅付近に計画され、イタリア統一後、港湾施設も整備されます。その結果、それまで都市全体に散らばっていた港湾機能、倉庫などが、市外に集まるかたちとなり、都市の西側には港湾地域が広がり、二〇世紀には本土まで延びることになります。そのおかげもあって、それまで港湾地帯の中心であった都市の東側は観光地域としての性格を強めていきます。ここの戦略をこの後見ていきますが、サン・マルコ広場からジャルディーニ、そしてリドのほうまで観光客の流れが出てきます。これは当時の技術革新で生まれた蒸気船の水上バスとも結びつき、水上交通とともに観光都市がつくられていきました［図30・31］。

一八八一年の国際会議をきっかけに、水上バスは大運河で運航を開始し、鉄道駅から大運河を通り、サン・マルコ広場、そしてジャルディーニまで結ばれました。これは水の都市を壊すことなく近代化を成し遂げたひとつの例だと言えます。それまで水上を牛耳っていたゴンドリエーレは、これに対し、ストライキを起こします。手漕ぎ舟の船頭たちにはなかなか受け入れてもらえませんでしたが、一八八七年の美術展の際、ヴェネツィア市から夜間営業を委ねられ、水上バスはその効果を発揮します。というのも、当時サン・マルコ広場からジャルディーニまでは、今あるように陸の道はつながっておらず、裏の路地をくねくねと迷子になりながらジャルディーニまでたどり着くしかありませんでした。ヴェネツィアの外からの訪問者にとっては、水上バスが便利であったと想像することできます。そんなナポレオンの計画によって生まれた森が、一八九四年、ヴェネツィア市国際芸術祭、後のヴェネツィア・ビエンナーレと

［図30］一八八七年の水上バス路線図と渡し舟

なるイベントの会場として、国際展覧会場という新たな息吹が与えられ、ここから文化的な戦略が始まります。二〇世紀初頭には、展覧会の国際化が進み、一九三〇年代のファシスト政権ではパヴィリオンが次々と建設されていきました。これは都市を国際化しようとした強化の動きのひとつにあたります。戦後には日本館も建設され、現在見られるようなビエンナーレの会場となります。この話に関しては、後ほどレストゥッチ先生に詳しく紹介していただきます。

このように、今日における観光、文化・芸術都市としてのヴェネツィアは、一九世紀後半に現れ、二〇世紀のファシスト政権下で強化されました。観光客が集まるスキアヴォーニの岸辺はこのような賑わいを見せ、カフェテラスもあります。ここからジャルディーニ方面に水上バスで向かうわけです。観光化を進めるプロジェクトとしては、オーストリア支配下の一九世紀中ごろに巨大な国際ホテルを建設するものもありました。このプロジェクトでは浴室やプールといったものも計画され、当時の流行を取り入れようとしたものでした。この計画案から、新たな都市のイメージを生み出そうとしていたことが読み取ることができます。今では考えられないような巨大な建物が本格的に検討されていた時代があったようですが、結局は景観的、軍事的理由から却下されました。

歴史遺産の見直しが進んだ戦後

樋渡―そして、この計画はアドリア海側のリドに移行され、海水浴場としてリドは開発されていきました。ここを求め、多くの富裕層が訪れると、民間の手によって新たなホテルも建設され、なにもない田舎のような場所だったリドが国際的な場所に変化していきました。さらにファシスト政権下では、リドの北側のサン・ニコロに飛行場が整備されます。また一九三〇年代にもなると、リドでも国際現代音楽祭、国際映画祭、国際演劇祭のような、世界中のトップ

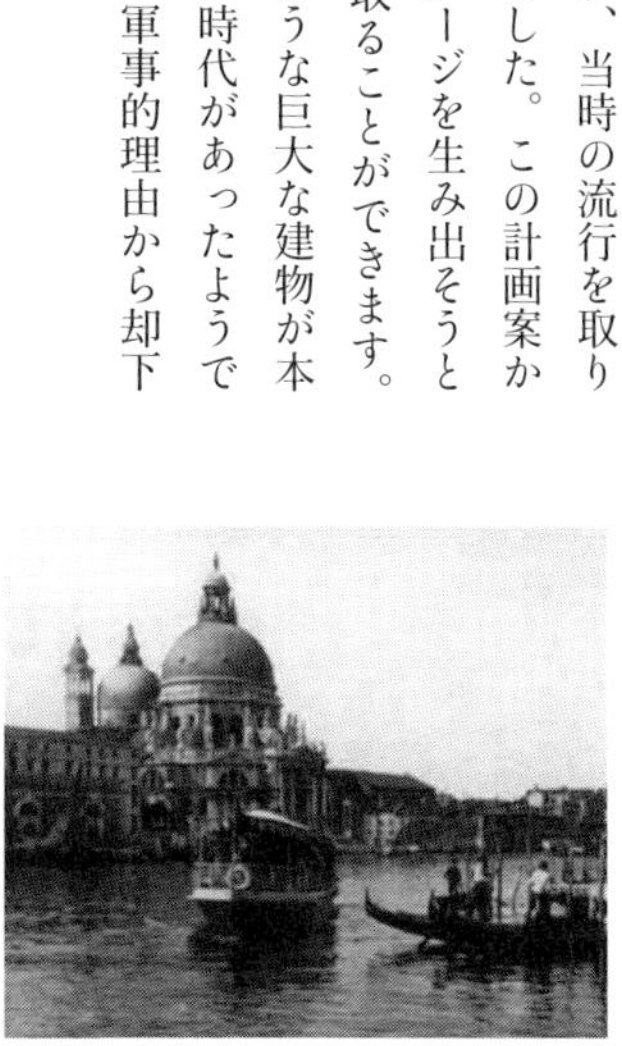

［図31］ 大運河内の初期蒸気船（一九世紀末）
Alberto Cosulich, *VENEZIA NELL'800 I vita, economia, costume dalla caduta della Repubblica di Venezia all'inizio del '900*, Dolomiti, 1988, p.218

32

33

の人たちが集まるイベントも仕掛けられ、国際的な活動の拠点になっていきました。一九三二年に始まった国際映画祭では、最初はホテル・エクセルシオールのテラスで上映されたそうです。このホテルでは当時、ファッションショーやダンスパーティなど、さまざまなイベントが開催されていたようです。その後、映画館が建てられ、今日に至るわけですが、毎年九月の頭に行われる映画祭では、有名人を見るために多くの人びとが集まってきます。ここでもまた水上バスが活躍するのです。

　このころ、イタリアでは自動車社会の波によって道路で本土と結ばれましたが、幸いにも、都市の西の端にローマ広場というターミナルをつくり、ここで自動車を停めることで、水の都市を保ってきたわけです［図32・33］。そのおかげで、今日でも見ら

［図32］ラグーナを越える橋の建設（一九三二年）
Franca Cosmai, S. Sorteni, *L'ingegneria civile a Venezia : Istituzioni, uomini, professioni da Napoleone al fascismo*, Venezia 2001, p.115.

［図33］ローマ広場の位置（一九四〇年、I.G.M.）

れる水上のテラスが大運河沿いにも登場し、現在では多くの水上テラスが設置され、ヴェネツィアらしい水辺空間が広がっていきました［図34・35］。水辺の整備では、ジャルディーニとサン・マルコ広場を結ぶプロムナードが完成されたのもこの時期にあたります。この岸辺の道の整備によって、さらに多くの人びとがジャルディーニに足を運ぶことになったと想像されます。このように、一九三〇年代にはダイナミックに近代化を推し進めながらも、今日にも共通する水の都の快適空間をつくりだしたと言えます。

次に、戦後から現在への経緯を見ていきたいと思います。一九世紀から二〇世紀前半までの、ダイナミックな都市開発を推進する時代から、戦後は歴史的な都市を再評価し、歴史的遺産を活用していくようになっていきました。カルロ・スカルパはまさにそれを切り開いた建築家で、その時代の技術やデザインを挿入し、さらに魅力ある都市を創造していきました。それまでの保存・修復とは大きく違うやり方でした。

また、戦後に創設されたチーニ財団は、サン・ジョルジョ・マッジョーレ教会の元修道院を活用し、展示会や会議などを頻繁に開催し、芸術的・社会的教育文化施設の中心となっています。一九世紀に廃止された修道院が、軍事施設として利用されてきたケースが多いわけですが、この修道院も軍事用の倉庫として利用されていました。比較的早い時期からコンベンションシティを代表する施設として、ヴェネツィアにとって大きい役割を果たしています。ここには美術関係の図書館もあるので、日常的にも利用できる点で、多くの人びとに親しまれています。

産業遺産の活用と文化都市の成熟

樋渡――一九六〇年代にはヴェネツィア本島にある工場は生産の拡大を求め、本土に移転し、工業地帯はさらに拡大します。なかには廃業した企業もあり、一九世紀末に広

［図34］大運河沿いに並ぶ水上テラス

がっていった倉庫や工場が空洞化しました。一九七〇年代には、多くの産業遺産をどのように活用するのか議論されました。まずは住宅問題を解決するために、これらの産業遺産が活用されます。たとえば、ビール工場をそのまま転用した住宅などが登場します。製粉所だったムリーノ・ストゥーキが、長い議論の末、今ではホテルや会議室として利用されており、二〇世紀末に整備された港湾地域も、一部を一般に開放する計画が進められ、港湾と一般の地域にあった壁が取り外されました。現在は近代遺産を転用して大学やオフィスが入っています。情報の発信基地として新たな機能点となっているのです。このように、ヴェネツィアには近代の産業遺産をうまく活用している事例が多くあります。

その次の段階では、共和国時代のモニュメント的重要建造物をダイナミックに転用する動きが出てきます。その代表例として、造船所から海軍が使用してきたアルセナーレも修復の後、一部が一般に開放され、今ではビエンナーレの会場のひとつとなっています。アート、建築を表現するのに、この大空間が活かされ、芸術の発信地となっています。従来、ビエンナーレは都市のはずれであったジャルディーニで完結していましたが、[図36・37]のように都市の歴史的空間で展開し始め、さらに都市のなかにある教会、修道院、貴族の邸宅、住宅、倉庫などのスペース、さらに周辺の島々も展示空間として利用されています。そのほかにも、共和国時代の重要な建物としては、塩の倉庫を転用したレンゾ・ピアノ設計のミュージアムや、一七世紀の税関を再利用し、安藤忠雄さん設計のミュージアムなど文化発信基地として生まれ変わらせることで、都市のポテンシャルを引きあげています。このように、今ではヴェネツィア全体が文化、情報の発信基地となっており、単なる観光都市ではないクリエイティブシティ、コンベンションシティとなっているのです[図38・40]。

[図35] ジュデッカ運河の水上テラス

[図36] 一部が一般開放された国営造船所

陣内―ヴェネツィアはこのように、中世からできあがってきた固有の条件を本当に見事に活かしてつくられた都市であり、東方から取り込んだものや、ルネサンス以後における文化発信基地にしていこうという強い政治的意志、文化的意志によって、魅力を増していきました。たとえば、小説家の塩野七生さんは、聖地エルサレムに行く人

37

［図37］国営造船所のビエンナーレ会場

［図38］都市全体、ラグーナの島々に広がる文化・情報発信基地（二〇一一年のビエンナーレ会場のマップ）Map of exhibition venues, during the 54rd Biennale di Venezia

びとがヴェネツィアを通る際に滞在していた、つまり昔からヴェネツィアは観光都市だったと言っています。そのように、ヴェネツィアは異文化に寛容に開かれている。そして、一六世紀以後に出てくる祝祭の仕掛け人であるコンパニア・デッラ・カルツァのような若手の貴族たちが登場し、そこから発信するということを担っていきました。彼らは演劇や祝祭をオーガナイズし、水上やサン・マルコ広場、カンポといった空間を利用しました。そのようなものがずっと積み上げられていくことで、まさにヴェネツィアの人びとの血になっています。外国勢力に統合され、ヴェネツィアのラグーナのあり方、近代化のなかで水との共生が忘れられることもありがちだったのですが、今はまた水と共生することの重要性を取り戻し、そしてその舞台の魅力を活かしてビエンナーレや映画祭に船で行く。実際に、ヴェネツィアという都市に行けば、いつでも国際的なアーティストや建築家たちに出会えるというような状況を目の当たりにします。その背後にある深い仕掛けの部分は、今からレストゥッチ先生にお話いただきたいと思いますが、その前にヴェネツィアがどのようにできあがってきたのかということを、私と樋渡さんで紹介させていただきました。どうもありがとうございました。

[図39] 宗教施設の展示会場

[図40] 展示空間として活用される貴族の邸宅

04

LECTURE

講演

文化戦略を通じた都市のヴィジョン

アメリーゴ・レストゥッチ

都市のマネジメントにおいて、仕掛けを生み出す文化政策や戦略の鍵はどこにあるのか。ここではアメリーゴ・レストゥッチ氏に、ヴェネツィアの文化戦略を通じた都市のヴィジョンと、ビエンナーレが担った都市への戦略と役割について、自身の経験を振り返りながらこれからの展望を語ってもらった。

北山 恒―先ほどの陣内秀信さんのお話のなかで、ヴェネツィアは唯一の都市、「チッタ・ウニカ」という言葉が出てきました。写真を見ると、まさにほかのどこにもない水に浮かんでいる都市なのですが、実際にここが特別な街だと私が体感したのは、ヴェネツィアのホテルに泊まったときでした。自動車が走っていないので、夜がとても静かなんです。私たちの都市というのは、レム・コールハースが「ジェネリック・シティ」と言う、おそらく二〇世紀に自動車や経済活動のためにつくった都市のことだと思います。ヴェネツィアはそれとはまったく違う都市であり、しかもこれだけの魅力を持っている。そして、千年以上の歴史を刻んでいるとても不思議な都市だと思います。そのヴェネツィアの秘密をレストゥッチさんからお話いただけるかと思います。一昨日、レストゥッチさんとお話したとき、レストゥッチさんが一九六四年に日本に南回りの飛行機で訪れた際、当時の日本には何か未来があるような、不思議な国に見えたということでした。おそらく建築を学んでいる方には、そのころの日本にはメタボリズムの若い建築家たちが世界に向けて発信していたのをご存じでしょう。この一九六四年には東京でオリンピックが開かれています。そのころの日本というのは、レストゥッチさんが言うように、未来を感じることができた国だったのかもしれません。今の日本の状況は変わっていますが、ヴェネツィアは千年以上魅力を持った都市です。それではレストゥッチさん、よろしくお願いします。

＊

アメリーゴ・レストゥッチ―最も重要なポイントは、今日どうして都市の戦略について自問するのかということです。どういうかたちで文化が都市の魅力をつくり上げることができるのか、また文化は、どのようにして都市の歴史を強化し再生を支えることができるのか。そのような観点から、歴史のなかでヴェネツィアが担ってきた特徴について、お話したいと思います。

この都市は、その誕生からずっと、基礎となるいくつかの拠点の周囲に形成されていきました。ヴェネツィアは「カナル・グランデ」により分けられた多くの小さな島々により形成され、その向かいには現在はジュデッカ島と呼ばれる大きな島がありました。そしてローマ帝国崩壊後、ヴェネツィアは蛮族の侵攻から街を防衛することに成功しました。

ヴェネツィアは数世紀にわたって発展していき、一三世紀ごろから徐々にその重要性を増していきます。航海能力を築き、それによって周辺の都市と一連の商業的関係を結んでいったからです。こうして、ヴェネツィアには、ますます建築物が増えていきました。民家や小規模な建物が非常に密集した都市です。

統一された戦略を持たない文化的発展

この街は、実は一度たりとも計画的な文化総合政策や都市計画を持ちませんでした。ただし、街のそれぞれの場所で計画が発展していきました。それらの場所が、市民の原動力にとって重要なものであったからです。たとえばサン・マルコ広場では、中世においてほとんどすべての街の行事が執り行われていました。一三世紀には現在のように大きなサン・マルコ広場はまだなく、当時は小さな「ピアッツェッタ」と呼ばれている、「サン・マルコ小広場」があっただけです[図1]。当時のヴェネツィアは、古代ローマ文明を手本にしており、まさにその証拠に、フォロ・ロマーノの柱を模したふたつの柱が立っています。この柱の上に、ローマ時代では皇帝の彫像、あるいは何らかの神の像のよ

［図1］夕闇に包まれるサン・マルコ小広場

うなものが置かれていたわけです。しかし、「小広場」は明らかに手狭でした。少しずつ街の重要性が深まるにつれて、広場も拡張の必要がでてきたので、民家を取り壊し、より大きなサン・マルコ広場がつくられていきました［図2］。市民たちが集まってさまざまな意見を交わし会話していた正真正銘の都市活動の中心であったサン・マルコ広場に「マルチアーナ図書館」が建設されることになります。文化拠点となる最初の建物で、この図書館には、ヴェネツィアや地中海のみならず、海に面した数々の都市の歴史を語る、多数の価値のある資料が収められ、興味深いアジアに関しての重要な歴史資料もあります。マルチアーナというのは、サン・マルコの「マルコ」に由来します。宗教文化において非常に重要な人物である聖職者ベッサリオーネがフェラーラに引き続いてフィレンツェにおいて開催された公会議に参加するため、ギリシアからヴェネツィアにたどり着きました。当時、東方教会と西方教会の間で、分裂を回避し、和解に至るべく話し合いの場が設けられたからです。この公会議は一四三九年から始められましたが、その後二〇年も続きます。結局和解にいたりませんでしたが、一四三九年、ギリシア人であるベッサリオーネは、地中海文明、ギリシアの歴史における写本の数々をヴェネツィアの街に寄贈しました。その写本のために、ヴェネツィア共和国は一五三七年にヤコポ・サンソヴィーノに図書館の建設を依頼したのです。それがこの重要な図書館のはじまりです。広場は徐々に拡大していきましたが、一八一三年、ヴェネツィアがナポレオン率いるフランスの占領下に入ると、こよなくヴェネツィアを愛していたナポレオンは、一八〇七年からナポレオン翼と呼ばれるこの建物をつくらせました。つねに新しい堂々たる建築物を増築していこうという必要性からです。

このように、別々の機能をもった多くの建物がそれぞれに建てられていきました。そこに、戦略ではなく物語を読むべきでしょう。戦略とは多くのエピソードの集合体です

［図2］鐘楼が象徴的なサン・マルコ広場

から。その後、時が経つにつれ、ヴェネツィアはさまざまな新しい出来事を通じ、さらに豊かな都市になっていきます。

しかし、ヴェネツィアは地中海における重要な都市であったにもかかわらず、アメリカ大陸発見の意味を理解することがありませんでした。つまり、一四九二年、新しい世界が発見されてからもなお、ヴェネツィアは、地中海という小さな世界に目を向け続けたのです。地中海も小さいとは言えませんが、閉ざされた世界と成り果てており、新世界は、スペイン、イギリス、フランス、ポルトガルの争奪の的となっていました。この時期から、ヴェネツィアは自身の危機の時代を迎えていきます。そしてナポレオンに征服されて、ヴェネツィアがその政治的独立をも失い、そのあと大きな経済政策、文化政策というものはありませんでした。

文化発信都市の誕生／ヴェネツィア・ビエンナーレのはじまり

一八九五年になって、ようやくヴェネツィア市はいくつか問いを自らに課し、ヴェネツィアの昨今を反省するようになります。当時の市長が、国際文化に目を向けた美術展を開催しようというアイデアを思いつき、活発な文化や経済をもたらすような新たな訪問者たちを受け入れる場所にしようとしたのです。こうして、サン・マルコ広場から離れた「ジャルディーニ」という地区が選ばれ、そこに一八九五年の第一回世界美術祭を開催するための最初の建物が建てられました。ドーリア式のものや、東方を意識した、当時「リヴァイヴァル・ネオ・グレコ様式」と呼ばれたティンパヌムといった建物です。第一回の美術展が大きな成功をおさめ、世界各国がこのメッセージに興味を抱き、好奇心をもちました。その後すぐに、最初の建物が改築されます。一九一四年に改修され、当時の建築的志向を非常に反映した建物でした。その後、一九三二年にまた改修され、建物は再び変化を迎えます。

トーレスというヴェネツィアの非常に重要な建築家が、この改修作業を担当しました。ヴェネツィアの文化にとって非常に重要な、日本文化にも造詣の深かったカルロ・スカルパが最後に、パラッツォ正面の改修事業を行い、さらに建物は変化します。それが一九六八年に行われました。

一八九五年から、文化面で最も精力的であった主要国は、ヴェネツィアのジャルディーニという空間に、それぞれ自国のパヴィリオンを建てることにしました。アメリカ、フランス、スカンジナヴィア諸国、フィンランド、ソ連。日本のパヴィリオンもあります。これらはすべて国ごとのパヴィリオンです。このパヴィリオンは結果的にはその国の持ち物、所有物であり、ある種の大使館のような状態になっています。

それぞれの国が、自分のパヴィリオンを取り仕切り、展示の計画、設営などを行っています。ジャルディーニはヴェネツィア市のもので、何も建物がなかったのですが、ヴェネツィア市がこの美術展示のために提供することを決めたわけです。新古典主義のアメリカのパヴィリオン。スヴェレ・フェーンという建築家が建てたスカンジナヴィア諸国のパヴィリオン。日本でもよくあることですが、自然に敬意を表している建物になっています。パヴィリオンを建てる際に、すでにそこに生えていた木を配慮し、プロジェクトのなかに取り入れられてその一部となるような、自然に対する敬意という点では日本との類似点があります。日本のパヴィリオンにも自然への配慮が伺えます。変化に敏感な日本文化に対する私からの質問ですが、今や日本の建築というものは国際的にも非常に重要なものですが、おそらく、そろそろこのパヴィリオンを改修してもいいのではないでしょうか。つまり、ここは現在の日本の文化の発信地ともなるわけですから。もちろん、これはただ単に質問なのですけれども。

歴史的空間の活用

このように、ヴェネツィアという街はひとつの全体的なヴィジョンなしに、部分的な展開が文化となっていきました。最初の美術展が成功した後、一九三〇年代、街は第一回目の国際映画祭を開催します。最初の映画祭は、エクセルシオールホテルの屋外テラスで行われ、その第一回国際映画祭の後、パラッツォ・デル・チネマと呼ばれる建物ができあがります。ヴェネツィアは世界において、文化がどのような役割を果たすのかを理解することに敏感な街でした。街に文化的な貢献をする、成長の鍵を握る今後の要素として、映画を選択したわけです。ビエンナーレが与えた成長がいかに重要であったかということがこの映画祭の誕生からも伺えると思います。

一九七七年ごろ、ジャルディーニにおける最初の拠点が建てられた後、ビエンナーレはアルセナーレにも進出しました［図3］。中世において重要であったこの地は、一九七八年には軍事的、戦略的役割を失います。そこでアルセナーレの所有者であるイタリア海軍が、建築あるいはその他の美術展をやるために、この土地を提供しました。イタリア海軍はこの一部に残っており、活動のひとつとして海軍の歴史における船の博物館をつくろうとしていますが、これらはすべて歴史的建造物です。かつてはプロクラトーレ・アイ・レーニ（木材の行政官）が、ヴェネト州の北部の材木を選び、伐採し、はるばる運河を通り、丘や山を越え、ヴェネツィアに運びました。その木がこのアルセナーレで切断され、ストックされたのです。ですから、必要に応じてヴェネツィアはすぐさまガレアッツァと呼ばれた船をつくることができたわけです。たとえばオスマントルコの船と戦わなければならないキリスト教側の船が必要になった時は、ヴェネツィアはたった二ヵ月でなんと一〇〇隻近くのガレー船をつくることができたそうです。そのようにして、レパントの海戦において、神聖同盟に勝利がもたらされました。

［**図3**］ビエンナーレの会場にもなっているアルセナーレ地区

現在は展覧会の会場として化けたそのアルセナーレの建物は、一四世紀から一六世紀にかけて、コルデリエと呼ばれ、縄づくりが行われていました。船のなかで使われる縄をつくっていたわけですが、最初は女性の方が、大変な労働条件に遭わされていました。手作業で縄をつくり、手袋を使っていても切り傷や怪我が絶えず、この工場長が、しばしば二、三日休暇を与えるような状況だったそうです。女性たちはこのような過酷な労働条件で苦しんでいました。もちろん男性でも同じような状況でしたが、その登場人物たちを取り上げて、長い間女性が従事してきた労働についての展覧会をこの内部で行いました。最初の展示計画があった一九七八年、ビエンナーレの建築部門の責任者だったパオロ・ポルトゲージが企画したものです。招待された建築家らは、柱と柱との間に自分なりの空間をつくり、そこで自分のプロジェクトを展示するわけです。ポルトゲージの最初の展示であり、彼はコルデリエに「ストラーダ・ノヴィッスィマ」という名をつけま

アメリーゴ・レストゥッチ氏

した。こうして、歴史的な建物は新しい美術の展示場所という形態をとって活用されることになりました。

同時に、ヴェネツィアのその他のさまざまな場所でも文化活動が繰りひろげられています。バチーノ・ディ・サン・マルコ（サン・マルコ広場向かいの海）のアルド・ロッシの建築物であるテアトロ・デル・モンド（世界劇場）は、浮かぶ艀のうえに構築されたものです。一九七八年のビエンナーレのためにつくられ、一ヵ月間、プンタ・デッラ・ドガーナの前に浮かべられました。可動式の物体が、文化を生み出しています。一七九二年のプロジェクトであるフェニーチェ劇場は、今日もなお、文化的魅力で人々を惹き付ける機能を充分に果たしており、二〇一三年五月には日本でヴェルディの「オセロ」を上演するなど、ヴェネツィアの外にも文化を運び出しています［図4］。その他にもさまざまな文化拠点があり、アカデミア美術館の横にある旧カリタ修道院のあった建物には、美術学校があります。この建物のなかで芸術家が育成され、彼らにより制作された作品は、隣のアカデミア美術館に展示されたのです。そして現在も、芸術作品はここに収められています。つまりここでは、芸術家の育成からはじまり、彼らの作品展示まで一連の作業が行われるのです。アカデミア美術館にはパオロ・ヴェロネーゼの「レヴィ家の饗宴」をはじめ、たくさんの作品が収められており、パウル・クレーが参加した、文化の国際性といったものが披露された一九〇二年のビエンナーレ美術展では、ヴェネツィアは伝統的なティツィアーノやヴェロネーゼの展覧会を組みました。つまり、現代性を見つめる文化、そして歴史を見つめる文化の、その両方がヴェネツィアという都市には存在するということになります。

［図4］フェニーチェ劇場

さまざまな文化拠点を持つ都市

ほかにも民間の数々の文化財団が活動を行っています。なかでも重要なグッゲンハイム美術館は、ニューヨークからビルバオ、またそれ以外の世界中の都市にある一連のグッゲンハイム美術館のうちのひとつです［図5］。しかし、ヴェネツィアのこの建物では、近現代美術の歴史的コレクションによる展覧会だけではなく、さまざまな巡回展も行っているのです。ビルバオ、ニューヨーク、あるいはイタリアのコレクションが運ばれ、つねに新しいものを取り込んでいる。同じことが一八世紀のグラッシ宮（パラッツォ・グラッシ）でも行われています［図6］。ガエ・アウレンティという建築家がこの内部の改修工事を担当しました。ピノーというフランスの美術収集家がこの建物ともうひとつ、税関の建物をヴェネツィア市から借りました。この海の税関は、ここに入ってくる船が、ヴェネツィアに辿り着いたすべての商品に対する関税を払っていた場所で、歴史的にも重要な建物ですが、現在はその税関としての機能は失っており、先ほどのアルセナーレと同じように、現在は展覧会場となっています。先ほどのアルド・ロッシのテアトロ・デル・モンド（世界劇場）はこの税関の向かいにあったのです。

サン・マルコ教会では、宗教的な造形芸術品や装飾芸術品の歴史を披露しています。内部は、東方教会のような装飾が成されていることで知られていますが、このサン・マルコのモデルは、たとえばコンスタンティノープルの聖ソフィア寺院などを思い出させます。モザイクなどの装飾が多用されていますが、サン・マルコ教会は現在、祈りを目的に来る人びとや、宗教的目的に利用する人びとのために、横に新しく入口を設けました。ヴェネツィア司教区の希望で設立された宗教団体“CHORUS”が、宗教施設を訪問する観光客の方々に、チケットを買ってもらうことにしたのです。チケットを買ってもらったお客にはガイドの説明を聞きながら、歴史を味わってもらいます。

パッラーディオが設計したサン・ジョルジョ教会でも同様です［図7］。ドゥカーレ宮からは、一六世紀まで小さな家がたくさん見えていました。その時、ヴェネツィアが重要な建築家であったパッラーディオを招集しました。彼は、すでに六〇歳くらいでしたが、ヴェネト地方にさまざまなヴィッラを、そしてヴィチェンツァにはバジリカ・パラディアーナやロッジア・デル・カピターニオなども建造していました。ヴェネツィア市は、「あなたはヴェネツィアのために何ができるのか」と彼に聞いたわけです。他のすべての建築家と同様に、パッラーディオは、新しくふたつの橋をつくりたい、アルセナーレを移動させよう、あるいはリアルト市場周辺を拡大させようなどと答えました。すべての建築家と同じように、家のインテリアのようなものだったわけですね。しかし、次の日にはまたヴェネツィアのすべてのパラッツォの修復をしようかと言います。また一週間ほどすると、建物だけでなくすべての地区全体の修復工事をやりたい、その一週間後になると街のマスタープランからつくり直したいと彼は言いました。そこでヴェネツィア市はこう答えました。「街の設計については我々がよく理解している。しかし君には、パラッツォ・ドゥカーレから見た景色をどうにかしてほしい」。というのも、世界から各国の大使が街を訪れた際に、ドゥカーレ宮からヴェネツィアの新しいイメージを彼らに見せる必要があったからです。パッラーディオは気を悪くして去って行きました。しかし一ヵ月後にヴェネツィアに戻り、サン・マルコ広場の向かいにあるふたつの教会の正面部分を建てます。一五六六年から建設が始まったサン・ジョルジョ教会と、一五七七年から一五九二年

［**図5**］ヴェネツィアのグッゲンハイム美術館

［**図6**］ガエ・アウレンティが改修を行ったグラッシ宮

［**図7**］パッラーディオ設計によるサン・ジョルジョ教会

にかけて建設されたレデントーレ教会です。また、ジュデッカ島に位置するジテッレ教会もパッラーディオの着想によるものとされています。こうして、一六世紀の世界で稀に見る素晴らしい舞台装置ができあがったわけです。それ以降、一七世紀、一八世紀と、日本も含めて世界各国から多くの使節がやってきました。こうした異国からの訪問者が街に何をもたらしたかという展覧会を開催するのも面白いかもしれません。パッラーディオのこのプロジェクトでつくられた建築空間はローマ建築を参考としており、たとえば正面のティンパヌムのある四つの柱などは、コンスタンティヌスやアウグストゥス、その他のローマの凱旋門を思わせます。現在、このサン・ジョルジョの修道院は、文化財団（チーニ財団）の本拠地になっており、展覧会も行われますし、非常に重要な図書館もあります。

ヴェネツィアでルネサンスを見たければ、ミラーコリ教会に行くといいでしょう。あるいはフラーリ教会も同様です。ゴシック時代の一二五〇年代のものですが、これらはヴェネツィアという街が数多くの文化的継承者たちの存在によって成り立っていることを教えてくれています。ここまで申し上げてきたとおり、ヴェネツィアには総合的な戦略があるわけではないのです。しかし、さまざまな個別の戦略が一緒になっており、ヴェネツィアは世界との対話、そして何よりまず自らの周囲の土地との対話をしようとしています。

ナポレオン率いるフランスの次の時代に、オーストリア占領時代となりますが、オーストリア政府によって、まず鉄道橋がつくられました［図8］。次にイタリア人が、一九三〇年、その横に自動車用の橋をつくりました。一八四八年ごろに、同年のフランスの二月革命の余波が三月革命として伝わってきたことによって、ヴェネツィアにおいてはじめて革命的社会運動が見られました。オーストリア軍は、その革命の中心地に辿り着き――というのも、ヴェネツィアは一〇四の小さな島からなっていますから――、なるべく早く革命軍を制圧するための橋が必要だったのです。

歴史から見出す新たな戦略

現在、ヴェネツィアは世界に開かれた都市ではありますが、自分の街、自分の地区にも文化的貢献をする必要に迫られています。たとえば、私が学長を務めているヴェネツィア建築大学、あるいはカ・フォスカリと呼ばれるヴェネツィア大学などは、本土にあるメストレ地区に二軒、新しい建物を建てています。学生数を増やすため、ヴェネツィアから本土へ、新たにいくつかの学部を拡大させているのです。この島の裏側にも、文化を波及させていく必要があるわけです。そうなると、新しい文化的戦略をさらに取り入れていくことが必要になります。

たとえば、私の大学では、今いくつかの一八世紀のイエズス会の修道院を改修して四〇〇室のドミトリーをつくり、そのうちの三二〇室はヴェネツィアに住んでいる学生たちに、残りの八〇室は、他の国々から来る学生や先生たちに使ってもらうという計画が進んでいます。また、ヴェネツィア建築大学はつねにヴェネツィアにおける文化的選択にも関わりを持ってきました。カルロ・スカルパによる数々のプロジェクトなど、教員とともに、多数のビエンナーレに参加してきたのです。建築ビエンナーレでアルセナーレ会場入り口に置かれたマッシモ・スコラーリによる木製の「羽」という作品は、現在はサンタ・マルタにあるかつての綿紡績工場を利用したヴェネツィア建築大学の校舎の屋根にあります。

ヴェネツィアを世界に開かれた街として紹介するというこころみ、そしてまた世界の国々の平和を探ろうというこ

［図8］オーストリア政府によって架けられた鉄道橋を遠方に望む

ころみでもって、国際的文化に向けて橋を架けようとしています。文化を通して、私たちはお互いの対話の場所を見つけることができるはずです。その場合、今日、私がここにいるからということでなく、横浜という街と横浜国立大学、ヴェネツィアという街と私の大学、との間の関係を育てていけるということもひとつのエピソードであり、今日のシンポジウムを開催することも、戦略のひとつであると言えるでしょう。私が伝えたいメッセージは、みなさんの好奇心に応えようということです。疑問や好奇心が今日の機会をつくりました。この街を変えていくために、また今日という日を、耳を傾ける人すべてに対して開かれたプログラムのひとつとするために。

最後に次のお話をしておきましょう。エミリア・ロマーニャ州のパルマというところにある洗礼堂の話です。一二三〇年、ヴェネデット・アンテラミによって建てられた歴史的な建物です。洗礼堂の入り口の扉に、アンテラミが彫刻を施しています。そこでは、ある若者が、口から火を噴く、鋭い爪をもった中世の猛獣に追いかけられています。追われた若者は、木のうえに逃げ込みました。そして今まさにその猛獣が木を倒そうとしている。このままでいくと、もうすぐこの若者は大変な目に遭うのだろうと想像できます。しかし、その瞬間に、新たな陽が差し込みます。その木の上には蜂の巣があり、若者はその蜂の巣に手を突っ込んで蜂蜜を舐めます。今日のようなシンポジウムがあった時、たとえ若干の意見の違いがあるとしても、私たちはみな、そういった蜂蜜のような甘さを味わうのではないでしょうか。しかし文化を襲おうとする猛獣はたくさんいます。ですから、こうしたシンポジウムが持つ蜂蜜の味のなかから、文化を、そして平和を進めていくための戦略をつくり出そうではないでしょうか。それが私の心からの願いであり、このシンポジウムを企画してくださったみなさまへの感謝の気持ちです。

＊

北山――レストゥッチさんのお話のなかで、ヴェネツィアの数百年の時間が流れていくので、整理するのがとてもたいへんなのですが、それだけの歴史がある都市だということを実感します。「日本館の建て替えはしないのか」というレストゥッチさんのご質問に関して、この建物は吉阪隆正さんが一九五六年に、ブリヂストンの石橋正二郎さんと資金を寄付してつくったものです。現在、伊東豊雄さんが改修をするという計画が動きはじめているのですが、元の状態に戻すということが原則で改修をされるそうです。というのも、すでに少し手が加えられており、倉庫や手すりが設けられてもとのかたちが見えなくなっているので、それらをもとに戻しながら展示のしやすい会場にする計画だと聞いております。

レストゥッチ―私は修辞学的な些細な質問をしたまでです。日本の建築文化が世界的に重要な役割を担っていることは周知の事実であり、ここ日本で私から日本人建築家の名前を読み上げる必要はないでしょう。若い建築家は、こうした巨匠たちから多くを学びます。ヴェネツィアは、展示会がマス・メディアに取り上げられているということもあり、一九五六年の日本館建設を軽視することなく、今日の日本建築を提示する非常に有効な場所とすることができるはずです。ですから、新しいかたちで何かできるかもしれないと簡単な提案をしたまでで、現に、妹島和世さんが二〇一〇年のビエンナーレのディレクターになったことからも、日本の建築文化の重要性は言うまでもありません。

一九六四年、学生であった私は、東京オリンピックを見るためにふたりの友人とともに来日しました。私は、戦争により痛手を被ったこの国が少しずつ前進していることを感じました。その後も二度、日本に戻りましたが、その度に、この国の、国民の、つねに多大なエネルギーを注ぎながら国をつくりあげる能力に衝撃を受けました。こうしたエネルギーこそが、新しく改良する能力のメッセージとなりました。パヴィリオンに関するエピソードをお話しましたが、これ以外にもたくさんあります。ヴェネト州にも、日本人建築家によるものが多くありますが、トレヴィーソ県の近くでは安藤忠雄さんがベネトン財団のための施設を建設していますし、その他にもいろいろな例があります。

北山―僕も修辞学的に話をしようとしていましたが、ヴェネツィアが素晴らしいのは、それぞれの国のお金を使わせてパヴィリオンをつくり、そこでの展示の費用も各国から出させているという点です。そこにたくさんの人びとが訪れ、文化そのものをコーディネートしている、しかし自らのお金の負担は少なくしているという、非常にスマートな都市マネジメントがされていると思います。それはある意味では歴史を利用したビジネスだと言えるのかもしれません。ここにしかないという唯一性を使った、都市のマネジメントです。みんなが「ここでやることに意味がある」と思えるような場所を提供しているのです。おそらく、さまざまな仕掛けがあるのだと思いますが、レストゥッチさんのお話では、ヴェネツィアは労働者の手から血が出るほどの造船業が盛んな産業都市だったのが、人びとを呼び込む観光産業に変わり、次にはスマートな構造を持った文化産業に変わっていったとのことでした。日本がまだ貧しかった時代に、石橋さんにパヴィリオンをつくりたくさせるくらいに、ヴェネツィアは価値ある都市になっているということです。

レストゥッチ｜私たちは、新しい段階に踏み出すために、歴史そのものからどのように歴史を活用するかを眺める必要があります。パヴィリオンの話はその例のひとつであり、その他にもできることはあるでしょう。ヴェネツィアという街は、アートの展覧会を通し、歴史がさまざまな手法で活用された多くの例を見せてくれます。こうした一つひとつのエピソードが未来をつくるはずです。もちろん慎重に行う必要がありますが、さまざまな国、さまざまな文化的傾向との間で対話を行い、ともにメッセージをつくりあげることができます。

質疑応答

質問者1｜今日は素晴らしいお話をありがとうございました。日本館の参画の仕方のお話を北山さんとされていましたが、他国の参画の仕方にもそのような事例があれば教えていただきたいと思います。

レストゥッチ｜パヴィリオンとは大使館のように治外法権のある場所です。各国がそれぞれのパヴィリオンを、経済的にも、そのオーガナイズの方法も含めて管理します。ビエンナーレの場合、各パヴィリオンにキュレーターがいます。もちろん全体のプロジェクトの一部を構成しますが、総合キュレーターの指示に従うアーティストたちをとりまとめるのです。たとえば、二〇一三年五月末、六月はじめからはじまったアートのビエンナーレの総合キュレーターはマッシミリアーノ・ジオーニです。彼から、何をすべきかという指示がでるのです。以前、建築のビエンナーレを率いたチッパーフィールドは、展覧会を「コモン・グラウンド」と名付けました。各国はこうした総合タイトルに応えるのです。この文化刷新のメッセージはまた、各国からのメッセージに呼応するのです。アメリカ、日本、フランスをはじめとする各国のアーティストは、どのようにこのメッセージに応えていくのか。来場者らもアーティストらも、互いに向き合いながら、ともに国際的特色を推し進めていくのです。

たとえばソ連館、現在のロシア館は、シューセフという著名な建築家によってつくられました。彼は、モスクワの赤の広場の近くに美術館やレーニンの霊廟を手がけた建築家ですが、一九一一年に建設されたロシアのパヴィリオンは非常に修辞学的なもので、ソ連、ロシアの歴史に目を向けたものでした。ですから展示空間というよりは、ロシアの教会のようになっています。現在、ロシア館は改良の問題に直面していますが、結局、真に改修を行う国は出てきません。

日本文化に関して私が投げかけた質問は、現代の国際的建築シーンにおいて重要な立場の日本が、今のパヴィリオンを部分的にでも残しながら、現代性を追加するのはどうだろうかということです。他の国の改修に関しては明確ではありませんが、それぞれスペース不足の問題に直面していることは確かです。また自国のパヴィリオンを持たない国々が、街の一部を新たな展示空間として活用するため、ヴェネツィア市にかけあうこともあります。こうした側面で、街ではさまざまな問題、ビジネスが動いています。国際展示の期間中に、二ヵ月、三ヵ月間と個人所有のパラッツォをアーティストに貸し出すということも行われています。こうして、ジャルディーニ、アルセナーレ、リド島といった展覧会場から議論も移り、街もそこに参加することになります。いずれにせよ、パヴィリオンについては新しい展開に向けて見直していく必要があるでしょう。

北山―ジャルディーニの配置を見ていると、世界の国のパワーバランスを見ているような気がしてきます。パヴィリオンを配置する仕方もとても重要だと思いました。ほかにもご質問はありますでしょうか。

質問者2―レストゥッチさんのお話のなかに、行政についてのお話がありました。ヴェネツィアの文化や祝祭といったものに、行政がどのような役割を果たしているのか具体的に教えていただけますか。

レストゥッチ―旅行者や知的好奇心のある観光客、特に展覧会を見にくる観光客を呼び寄せるために文化イベントを重要視することに関しては、少し考察する必要があります。また、観光サイドも、街のイベントを欲しています。すでに一九七八年から、自治体としてのヴェネツィア市は、祭典・娯楽コースをつくり、たとえば、テーマとして改めてカーニヴァルを取り上げました。一八世紀、カーニヴァルは芝居などの見せ物で成り立っており、雇われた音楽家によりオペラがまとめられ、劇場で上演されていました。現在、ヴェネツィア市はカーニヴァルをお祭りと見なし、劇団や自発的に活動する団体に何らかの助成金を出すことで、広場や街のあちこちで上演されています。街の外から誰もやってこないような一年のうちの閑散期であった時期にそれをやることで、状況は一転しました。

また、祝祭の最中に、同時進行で歴史におけるカーニヴァルというものを説明する展覧会が行われたこともありました。また、八月末から九月のはじめにかけての映画祭の時期は、会場となるパラッツォ・デル・チネマのみならず、屋外での映画上映など、街のいたるところで関連行事が行われるわけです。未来へのメッセージを発信するため、歴史が活用されているのです。不況にもかかわらず、希望者に対しては街から助成金が出る、それはとても興味深いことです。

また、大学として、私はアルセナーレに新しい空間を見いだそうとしています。そこでは一〇のスタジオをイタリア、フランス、ヨーロッパといった国々からの美術学生に、一〇のスタジオを若い建築家や建築大学の学生に提供し、ビエンナーレのテーマをもとにしたワークショップを行うのです。さらにビエンナーレのキュレーターもワークショップを行い、こうした若手アーティストたちと対話しながら、彼らを育成していく。こうした活動が、さらなる街の戦略、発展に一役買うのです。今回のシンポジウムからも、横浜市と大学との関係がどのようなものかわかります。ヴェネツィアとしても、現時点で、街と大学との間にいろいろな関係が生まれているのです。実際、街とアカデミア学校とが協力してプロジェクトを進めています。ヴェネツィアも横浜市も、共通の戦略があるのではないでしょうか。

北山―ヴェネツィアには空き家がたくさんあり、行政と関係しながら、それを使っていくという活動があると伺いました。それはどのようにやられているのでしょうか。

レストゥッチ―行政は、ヴェネツィア特別法（la legge speciale su Venezia）というもので助成金を出しています。家の修復や文化活動のために助成するのです。ビエンナーレも、予算の一五パーセントは行政からの助成金です。ヴェネツィア市における住居は非常にたくさんあるのですが、修復されることで、そこが文化的拠点となりうるのです。

それから今、私が考えていたのは学生、とくに街の外から来る学生についてです。先ほどお話した学生寮のみならず、街のなかにある空き家を利用していくということもあります。個々でも、カルテルのように結集して、こうした家を提供し、街の人口減少を阻止しなければなりません。これもまた、現時点で行える戦略のひとつと言えるでしょう。実際、そういったこころみが動きつつあります。

北山―空き家は大きな問題になっていると思いますが、ヴェネツィアはそれを可能性にしているという気がしました。逆に言うと、ヴェネツィアにはそこに住んでいる人がすごく少ないと言えます。生活のあるもともとの街の豊かさや面白さが次第に失われて、ある種のテーマパーク化していくような問題がヴェネツィアにはあるのではないかと思うのですが、いかがでしょうか。ヴェネツィアの可能性と同時に、ヴェネツィアの大きな問題もそのあたりにあるような気がします。

レストゥッチ―戦略的な質問ですね。たしかに、一九五一年に一二万五〇〇〇人だったヴェネツィアの人口は、現在は五万人になっています。人口のほとんどが本土へ移っていったからです。その方が容易に家を建てられますし、より経済的だからです。なので、特別法で家を修復する者に市から助成がでるのはもっともです。放っておけば、街の商業が衰退してしまいますから。今、食品などを売る店は消えて、商店はガラスを売っています。たとえば、かつて私の家の下にはミルク、チーズ、肉などを売っていた店がありましたが、今は足を伸ばしてリアルトの中央市場まで買いに行かなくてはなりません。これは街を育てる社会的性格の問題です。あるヴァイタリティが戻ってくれば、また良い方へ変化するものですが、私としては、学生たちに注目しています。ヴェネツィア建築大学でも、教育法は絶えず変化し続けており、新しい素材の利用やそれが持続可能であるか否かに焦点を当てた建築技術を取り上げ、ヴェネツィアの街のみならず、他の街にも提供できるような新しい修復方法論も教えています。また同時に、ヴェネツィアに住む若いカップル、独身者、年配の方に助成金を与え、政策として国や自治体が彼らを支えることも必要でしょう。

「ソーシャル・ハウジング」と呼ばれますが、最初の成果を少しずつ見せているところです。人口を一二万人に戻すのは難しいのかもしれませんが、文化のみならず、社会的、経済的にもヴァイタリティーを与える必要があるのです。生きた街ならば、社会的要素が融合し、商業的やりとりがあり、お店のなかで、一キロの肉を買う若者と年配の者とが世間話をするでしょう。これが生きた街の姿です。展示会の隣で、こうした生活が営まれている必要があります。歴史的な箱は、絶えず新しく更新されねばなりません。これは、文化的でなく、社会的戦略です。もし、こうした社会性が、展示会という文化的イベントの新しいイメージと結びついたら、まだまだ将来性があるはずです。

北山―ありがとうございます。会場からさらに質問はいかがでしょうか。

陣内―ビエンナーレは美術や芸術からスタートし、一九七〇年代の終わりに建築がさらに加わりました。その建築展は大変な人気で、美術以上に話題となるような素晴らしい発信力をもっています。毎年のようにそういった大きな文化的イベントをされていますが、それを毎年やっていくパワーはいったいどこからくるのか、教えていただければと思います。

レストゥッチ―まずはすべての国々が協力し合って、国際都市としてのヴェネツィアを再創造しているからでしょう。ヴェネツィアは世界を向いています。中世、ルネサンス時代のヴェネツィアは、東方、中近東の国々や人々に目を向けていました。彼らはヴェネツィアにやってきて、自分の国の居住地をつくりました。今も維持されるこうした対話は、新たな展開を生み出しているのです。

最も興味深いのは、多様な文化的傾向が対話し、魔力のあるイメージを持つヴェネツィアという歴史的な箱との対話をしていることです。とはいえ、今は少し魔力から、現実に目を向けなければなりません。人口が五万人だけとなると、魔力もたちまち通用しなくなるからです。ヴェネツィア市も具体的に動いているところですが、何らかのプログラムを提案する必要があります。新しい展開というメッセージを提示するためにも、大学や文化的施設を向いたものであるべきです。もし世界の国々が興味を持ち、ヴェネツィアをひとつの芸術的実験空間として活用する意向があれば、当然ポジティヴな答えを出すことができます。

そしてここ数年の間にたいへんな発展を見せている建築分野は、国際的な活発な論議と相まって、戦略的にますます重要な役割を担っています。アートや建築の展覧会において、その展示方法などを見ても、両者の違いは非常に薄いわけです。近年、ヴェネツィア市やビエンナーレが指導する文化事業の数々が、互いに協力し合いながら展開されており、こうした傾向が、よりよい文化活動を提供するため一年を通して行われる数々のイベント開催を促しているのです。たとえばカーニヴァルのテーマに関わる共通のプログラムを組んだり、リド島で行なわれる映画祭で上映される映画を同時期にヴェネツィアや本土のメストレ地区の街中の広場で同時上映するなどしています。なので、しばしば人びとは建築の展覧会をアートのものと勘違いするほどです。建築の展覧会は、美的に洗練されたものとなっているのです。妹島さんが、ビエンナーレのディレクターを務めた時は、建築のプロジェクトや素材を深く重視したことで、展覧会はあえて教養的性格を強く持ちました。人びとが見たものすべては、建築を育てるためのもの、重要な成果を残すものです。ここからとりわけ若い人たちが、メッセージを引き出すのです。私は、世界各国からやってくる若者の企画したシンポジウムによく参加するのですが、彼らは現代建築の様式や建築資材に関する関心がやはり強い。文化の原動力、活発で精力的なものを発揮させる戦略のひとつですね。挑戦という観点から考えれば、ヴェネツィアという街の人びとだけでなく、街にやってきた人、他の文化を運んでくる人においても同じことが言えるでしょう。

北山―最初にパオロ・ポルトゲージが建築展をやったころを僕は今でも憶えています。ポストモダンの真っ最中だったので、ポストモダンを提議するような展覧会になっていました。ディレクターが妹島さんのときは、建築がつくりだす現象や環境を見せるような展覧会になり、今後の建築展はレム・コールハースがディレクターを務めることになっています。彼からメッセージが届いていて、それによると一九一四年から二〇一四年までの建築の一〇〇年間を総括するという、ある種の歴史的な検証をする大きな展示会になるということでした。それはおそらく、七〇年代に行われた第一回の建築展から、建築そのものの思想が大きく変わってきているのだと思います。

レストゥッチ―アートのビエンナーレにおいても、これまでの進化するメッセージという点で、同様の問いかけができますね。ポルトゲージは、はじまってすぐの展覧会のうちのひとつを担当しました。それから一九七五年のヴィットリオ・グレゴッティなども。「ポストモダン」とはこの展覧会によって定義されたのですが、これにより歴史を考察することができました。しかしこの場合、展示や建築の提案は、依然として過去の古い建築から抜け出せず、近代的な特徴を見せていました。わずかに味見程度の、挑発に過ぎなかったのです。

妹島さんや次回のレム・コールハースを見てみましょう。妹島さんの場合、教義というものがエステティックな展示的側面を超越し、そこから世界の大学において建築家が形成されるプロセスから生まれるものは何かと問わせるような展示でした。こうした建築家たちは何を意識するのでしょうか。それは、新しい素材を使用したプロジェクト、また妹島さんによる示唆をきっかけに、各国の展覧会で生まれたものを使用した適切な様式的要素を持つ建築プロジェクトです。

レム・コールハースは、一九一四年から二〇一四年まで、この百年間の建築の進化における様式変化に注目しています。建築様式は、進化を続けながらどのように今日に至るのかを理解しようということです。一九〇〇年はじめの「リバティ」からはじまり、昨今の提案までの一直線上の、文化的提案に満ちた構成です。それが彼の挑戦であり、力強いメッセージです。レム・コールハースの成果はまもなく披露されますが、それぞれの国はどうなるでしょう。一〇〇年間の建築様式と建築資材の活用の変化。この一〇〇年間というものは、どのように二〇一四年の展覧会における国際的展望を見せ、またさまざまな文化、民族間に、どのような対話のきっかけや方向性を与えてくれるでしょうか。

05

RESEARCH

資料

日常祭事都市・ヴェネツィア

歴史的な都市空間を生かした伝統祭礼や住民主体のローカルな催しから、世界をリードする国際的な文化イベントまで……都市の魅力を高め続けているヴェネツィア。

さまざまな文化がひしめきあう島内に数多く点在する、美術館や図書館などの施設が、この都市の日常の文化的な豊かさに寄与していることは言うまでもない。しかし、ヴェネツィアの特異なところは、水上も含めた日常的な空間が祭礼／催事のために、日々、いたるところで文化を育む拠点へと様変わりする点である。ここでは、ヴェネツィアで年間を通じて行われる祭礼や催事と、これらを支える日常的な空間マネジメントの様子を紹介する。さらに、文化的な“仕掛け”の代表格「ヴェネツィア・ビエンナーレ」の開催ポイントを収録する(p.96)。

これらからヴェネツィアとその周辺の島々が、大小さまざまな催しによって年間を通じ、昼夜を問わず活気づいている様子を紹介する。

1-6月

街全体が表情を変えるカーニヴァル

サン・マルコ広場でのにぎやかなカウントダウンイベントで、ヴェネツィアの人びとは新しい年を迎える。2月にはヴェネツィアを代表する大型の伝統的な祭り「カーニヴァル」がスタート。ヴェネツィア市が主催するこの催しでは街中のさまざまな広場に大掛かりな仮設の舞台装置が立ち上がり、日常の景色を一変させるのだ。思い思いに仮装した住民と観光客が一体となって朝から晩まで島中を練り歩く。近年はヴェネツィア・ビエンナーレ財団も子ども向けの催しを企画し、活発な連携が図られているようだ。霧と高潮（Aqua alta）が風物詩の長い冬が終わると、島内の邸宅の“庭”を公開するイベントや“カフェ”めぐり、本土までの港湾を船でめぐるツアー、離島での映像フェスタや夜通しのライヴなど、多様なイベントがさまざまな主催者により開催される。また、長年の改修から蘇った“時計塔”を祝う華やかなショウなど、趣向を凝らした単発のイベントに遭遇することも多い。

1月

新年　Anno Nuovo

公現祭　Epifania

六日。Befana（魔女）が良い子にはプレゼント、悪い子には炭を靴下に入れる祭事。Befanaのボートレースも行われる。元々はキリスト教の「東方三賢士参拝」の祝日。

2月

ヴェネツィア・カーニヴァル
Carnevale di Venezia

一月末から三月初旬頃の一一日間ほど。復活祭を控えた四〇日の禁欲期間前に、仮装をしてにぎやかに楽しむ世界的にも有名な祭り。

3月

ス・エ・ズ・ペル・イ・ポンティ
Su e zo per i ponti

三月か四月開催。ヴェネツィアの街を駆け抜けるジョギング大会。

4月

聖マルコの祝日
Festa di San Marco

二五日。ヴェネツィアの守護聖人の祝日。男性から女性に一輪の赤いバラの蕾を贈る習慣がある。

パスクア（復活祭・イースター）
Pasqua

春分後最初の満月の後の日曜日。

5月

ヴォガロンガ（長漕ぎ）
Vogalonga
五月末から六月初めの日曜日。手漕ぎ舟で約三〇キロのコースを漕ぐ。波が建物などへの浸食を起こすモーターボート使用への抗議運動として始まる。

センサの祭り
Festa della Sensa
復活祭から四〇日後のキリスト被昇天の日。ヴェネツィア市の総督が、忠誠を海に誓って指輪を海に投げ入れる「海との結婚」が行われる。

6月

ヴェネツィア現代ダンス国際フェスティバル＊
Festival Internazionale di Danza Contemporanea
毎年夏から秋にかけて開催。

ヴェネツィア・ビエンナーレ国際美術展＊
Esposizione Internazionale d'Arte
隔年六月から一一月開催。

ヴェネツィア・アートナイト
Art Night Venezia
夏至に近い土曜日の夜。大学など文化施設が朝まで、あるいは二四時までオープンする。近年始まったばかりのイベント。

＊はヴェネツィア・ビエンナーレ財団主催の催し

7-12月

国際的なビエンナーレによる文化拠点の増殖

観光客が集中する夏、水上までも祭事のための仕掛けが施される。教会への参道として、水上に仮設の橋が架かるレデントーレ祭りでは、船で水上に繰り出したり、水辺に大きな食卓を広げて宴を催したりする人びとでにぎやかだ。秋にかけては、ヴェネツィア・ビエンナーレ財団による国際的なイベントが次々と開催される。毎年さまざまなパラッツォや、広場、大学が場所を提供し、文化の発信拠点が島中に増殖するのも特徴的だ。この時期は、島内各所で住民たちによるローカルな夏祭り（Sagra）も開催される。出店が並び、野外演奏が行われ、街中のいたるところに非日常的な空間が現れる。九月初旬のヴェネツィア国際映画祭は、開催拠点がリド島に移されるが、本島の広場でも仮設劇場が組まれ、映画関連イベントが催される。一二月には大型船でトラックごと運ばれてきた移動遊園地が一斉に組み上がり、サン・マルコ付近のスキアヴォーニの岸を賑わす。

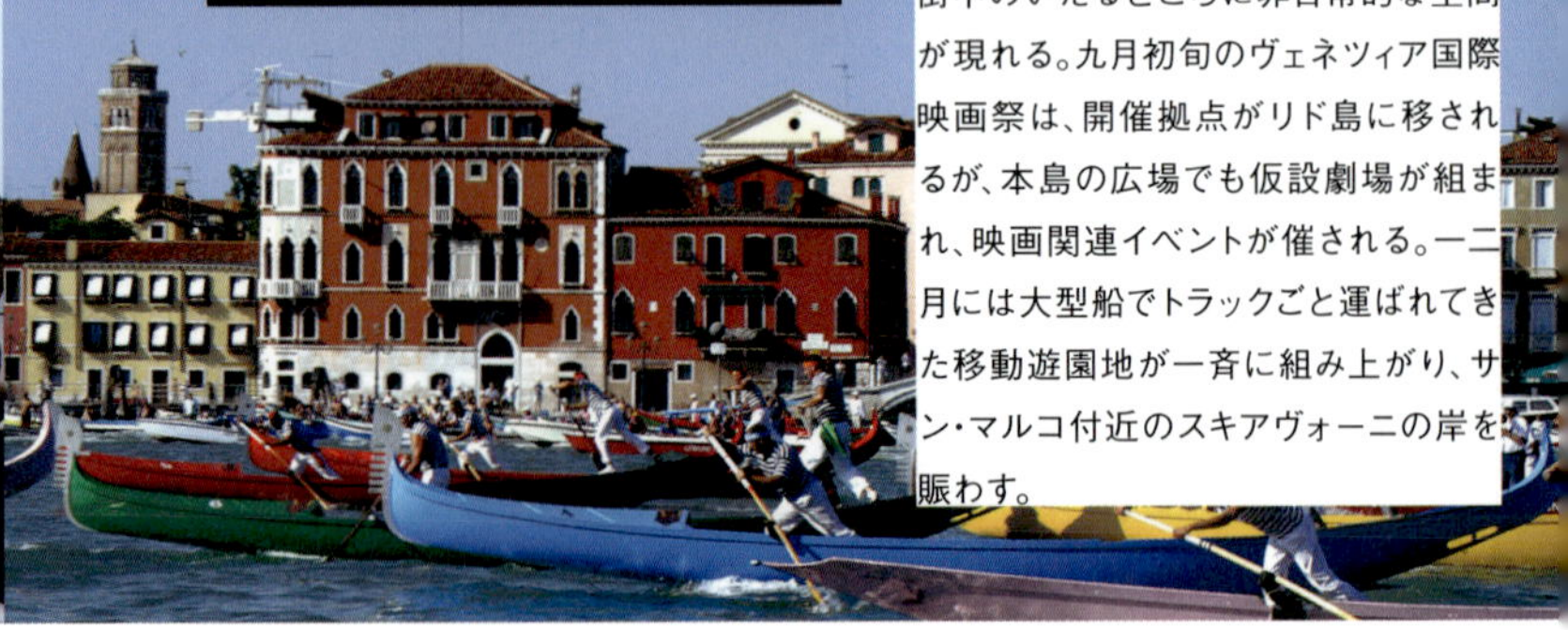

7月

レデントーレ祭り
Festa del Redentore
第三日曜日。一五七六年のペスト流行の終焉を記念し建設したレデントーレ教会の祭り。教会の島に仮設の橋が架けられる。

サン・ジャコモの祭り
Festa di san Giacomo
下旬、約一〇日間開催。ヴェネツィアのいたる所で行われる地区毎の祭り（Sagra）の最大規模のもの。

8月

ヴェネツィア国際演劇祭＊
Festival Internazionale del Teatro
毎年夏から秋にかけて開催。

ヴェネツィア国際映画祭＊
Mostra Internazionale d'Arte Cinematografica
毎年八月末から九月初旬開催。リド島にて展開。

ヴェネツィア・ビエンナーレ国際建築展＊
Mostra Internazionale d' Architettura
隔年八月から一一月開催（二〇一四年は六月より）。

9月

歴史的レガッタ
Regata storica
第一日曜日。昔ながらの船と衣装による水上パレードとレガッタと

呼ばれる水上レース。

ヴェネツィア国際現代音楽祭＊
Festival Internazionale di Musica Contemporanea
毎年夏から秋にかけて開催。

10月

ヴェネツィア国際マラソン
Venice Marathon
下旬開催。本土側からヴェネツィアを目指すフルマラソン。ランナーの為にカナル・グランデに浮き橋がかかる。

11月

サルーテ祭
Festa della Madonna della Salute
二一日。レデントーレ祭と同様に、仮設橋が架けられる。

12月

移動遊園地
Luna Park

クリスマス
Natale
街中がクリスマスディスプレイに変わり、多くの広場でクリスマスマーケットが開かれる。

＊はヴェネツィア・ビエンナーレ財団主催の催し

1

2

3

4

5

6

7

8

9

10

11

12

ヴェネツィアの祭事を支える空間マネジメント

日常空間と非日常空間を共存させるインフラシステム

街並を華やかに彩る祭事の裏側には、この街に住まう人びとの日常がある。迷路状の路地や無数の水路に囲まれた生活は、あらゆるサービスが、船や小回りのきく台車、それらの組み合わせで賄われているのだ［1・4］。イベント時に姿を変える広場は、生活空間として老若男女が集う交流の場である他、卒業式や結婚式など、人生の節目を祝う場としても機能している［5］。島内で発生する大量のゴミは、多くのスタッフが陸上で動き回る台車によって収集し、専用のゴミ収集船に回収される［6・7］。イベント時にはクレーンにより各所に仮設トイレが設置される他、大量の観光客を捌くための定期船が増便される［8・10］。古くから生活の場を成り立たせてきたインフラがさらに強化され、ネットワーク化されて機能しているのだ。一方で、巨大観光船の往来をはじめとするとめどない観光化が、生活の場としてのヴェネツィアを脅かす現実もある［11］。老朽化する島内の各所は今日もメンテナンスされ、活用に値する魅力的な空間として維持されている［12］。

13

14

15

16

17

18

19

20

21

22

23

24

突如出現する仮設空間と参加を促す仕掛け

土産物の屋台や広場に出し入れされる簡易テント、テーブル、アクアアルタの際のデッキ――ヴェネツィアの人びとは一時的な設えを用いて容易に空間を変化させ、歴史的な街並みを住みやすく、ときに豊かに演出し、活用している［13-15］。

伝統的な祭礼に見られる仮設建築のノウハウも加わって、広場や水上などの日常的な生活空間さえも、特別な舞台へと変容させている。魚屋の可動屋台などの日常的な仮設物は、コンパクトなサイズに畳まれて街角に収納される一方で、大型イベントの仮設物は、台船やトラックごと大型船に積載され、開催時期に合わせてはるばる水上を搬送されてくるのである［16-19］。

カーニバルやビエンナーレといった大型イベントの期間中は、街全体がお祭りムードで満たされる。路地にはイベントにちなんだサインが据え付けられ、船体さえも広告の一部として使用され、街中で数多くのイベント情報誌が配布、販売される［20-23］。また、島内に散らばった会場は人びとの生活空間と隣接している。そのために仕事の合間や、買い物がてらに立ち寄る鑑賞者もおり、文化的な祭事が日常に根づいていることを感じさせられる［24］。

ヴェネツィア・ビエンナーレ公式イベントMAP

文責＝栗生はるか　資料作成＝石塚直登

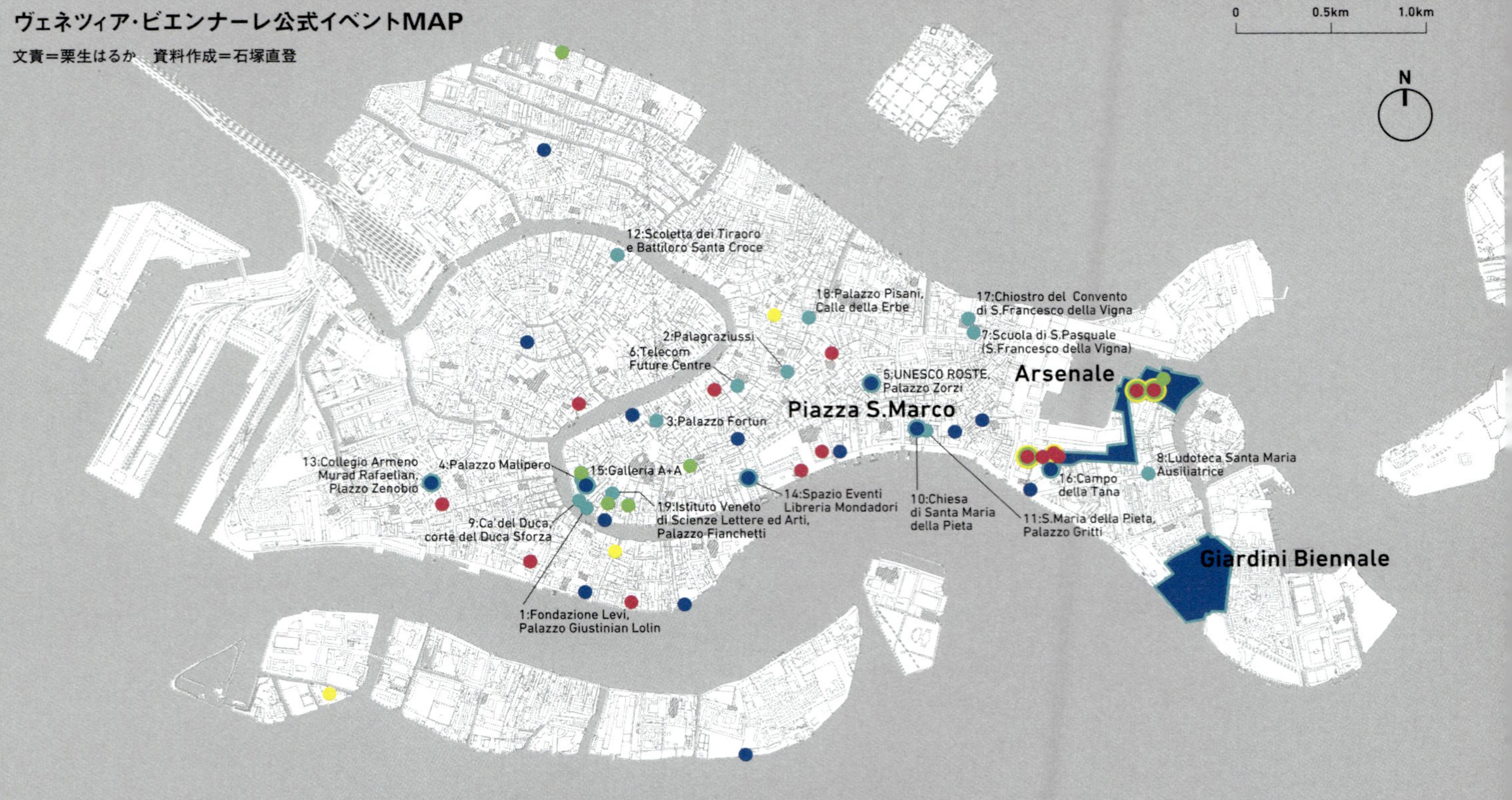

ここで示すのは、ヴェネツィア・ビエンナーレ財団による公式イベント6部門の開催箇所をプロットした図である。
〈映画〉祭や、〈建築〉、〈アート〉のビエンナーレは日本でも高い認知度を誇るが、〈ダンス〉〈演劇〉〈音楽〉分野でも開催時期をずらし、国際的なイベントが順に開催されている。アルセナーレやジャルディーニといった定番のロケーションに加え、公式の開催拠点は街中に点在しており、旅行者には廻りきれない数となっている。さらに、これらから派生するように、多様な団体、個人、既存の文化施設が主体となってイベントや展示などの関連企画がいたるところで多発的に開催される。その多くは、日常の公共空間や歴史ある建造物に一時的に演出を施し、展示や催事の空間として活用したものだ。図は2005〜06年の資料を元に作成しており、現在はどのイベントも開催場所をさらに広げ、展開していると予想される。

ヴェネツィア・ビエンナーレ財団によって仕掛けられるイベント6部門の開催箇所（2005〜06年配布のヴェネツィア・ビエンナーレ財団公式ガイドをもとに作成）＊ポイントが重なっている場所は複数の部門でイベントが開催された。　＊Arte（アート）部門のみ開催地の名称を記した。

06

STUDY

論考

都市というキャンバス

南條史生

地方(へ)の意識を変える国際展

五十嵐太郎

日本では現在、アートや演劇、建築といった文化の力を活用し、ビエンナーレなどの大きなイベントを通じて地域の活性化を図る動きが多く見られるようになった。現代社会において文化は新しい価値を生み出す力になりうるか。生活者である私たちや、地域を訪れる人びとにとって、都市の魅力はいかにして持続、再生できるだろうか。長年にわたりアートを通じて都市や地域に関わり続ける南條史生氏と五十嵐太郎氏による論考から、文化を育む都市の思想に迫る。

論考

都市というキャンバス

南條史生

ビエンナーレのはじまりと日本

今日、ビエンナーレ、トリエンナーレと呼ばれる大型の国際展は、世界に一〇〇〇ほどもあるだろう。日本では一九六〇年代後半からヴェネツィア・ビエンナーレの重要性が知られるようになり、その結果、日本の内部でもしばしば新聞社の主導で大小多数のビエンナーレが開催されるようになった。とくに一九七〇年には毎日新聞が開催した東京ビエンナーレ（テーマ「人間と物質」、中原佑介・峰村敏明が監修）が、当時の欧米を含む新進気鋭の現代美術作家を多数紹介し、日本の美術史上重要な展覧会として名を残している。その後、日本ではビエンナーレ展は低調になり、まして本格的な国際展は存在しない状況だった。しかし二〇〇〇年に大地の芸術祭越後妻有トリエンナーレ（越後妻有地域の現十日町市と津南町が主催）、二〇〇一年に横浜トリエンナーレ（国際交流基金と横浜市が主催）が始まると、こうした大型展への認識は再度高まり、今や福岡アジア美術館が主催する福岡アジア美術トリエンナーレ（一九九九年開始）、香川県と福武財団が主体となる瀬戸内国際芸術祭実行委員会が主催する瀬戸内国際芸術祭（二〇一〇年開始）、さらに愛知県の主催するあいちトリエンナーレ（二〇一〇年開始）、そして二〇一四年には札幌国際芸術祭と、大きなものが六企画も林立する状態になっている。また日本では地方でビエンナーレの名を冠した小型のアートイベントはおそらく一〇〇ほどあるだろう［図1］。

もともとヴェネツィア・ビエンナーレは一八八七年にジャルディーニ（一八〇七年のナポレオン法で建設

［図1］家具店のショーウインドーを水玉で埋めた草間彌生のインスタレーション。Art Towada、十和田市現代美術館、2010

された公園）のなかで開催されたイタリア芸術展だった。この数年後に、サン・マルコ広場に面したカフェ・フロリアンにアーティストや美術評論家、市長などの関係者が集まって、ヴェネツィア・ビエンナーレの構想を練ったと伝えられている。その時の国際的な美術展の発想は、当時ヨーロッパで花盛りだった万国博覧会が深く影響しているのではなかろうか。ヴェネツィア・ビエンナーレの第一回展は新しく統合されたイタリアの国王ウンベルト一世と王妃マルゲリータの銀婚式を記念し、一八九三年に開催が決定された。実際に開催されたのは一八九五年。事の経緯から、ヨーロッパを中心として外国アーティストを多数招聘し、結果として二八五人のアーティストによる五一六点の作品が展示された。またその時の審査員はギュスターヴ・モロー、ピュビ（ス）・ド・シャヴァンヌ、バーン・ジョーンズなど、イギリス、フランスの著名作家が目立つ。国毎の参加というオリンピック式の枠組みはこの時からのことであり、その結果、今でも美術のオリンピックと呼ばれることがある。

一方で、現在ヴェネツィア・ビエンナーレに対抗して存在するカッセル（ドイツ）のドクメンタ展は、当時東西ドイツの国境に近いカッセル市で一九五五年に開始された五年に一度ごとの大型国際展である。当時カッセル市の建築家、教師、アーティストであったアルノルト・ボーデが発案し、ナチスに抑圧された前衛芸術の復権と、新しい文化の振興に加え、戦後自由な社会となった西ドイツの象徴的イベントとするという政治的な側面があったとも解釈されてきた。ドクメンタはひとりのキュレーターがコンセプトを設定し（多くの場合その下にキュレーターのチームが組織される）、それにもとづいて作家・作品をキュレーションすることで、ヴェネツィアとは異なった先鋭なメッセージを発信しうる構造になっている。そこで、大型の国際展は、多くの場合、国毎の参加であるヴェネツィア型か、ひとりの視点ですべてを組織するドクメンタ型か、あるいはこの両極の中間に位置するものとして設計される。

日本は、一九八七年に日本美術協会が要請を受けて、ヴェネツィア・ビエンナーレの第二回展に、大量の工芸品をもって参加している。また一九二四年にも参加の記録があるが詳細は詳らかではない。戦後は一九五二年から、ヴェネツィア・ビエンナーレに参加してきた。そして一九五六年には、当時の鳩山一郎首相、ブリヂストンの石橋正二郎氏の協力で官民の出資により、ヴェネツィア・ビエンナーレのメイン会場であるジャルディーニのなかに、日本館（吉阪隆正設計）を持つに至った。その場所は、ジャルディーニ会場の右奥で、通りの正面にイギリス、左側にフランス、右にドイツ、そして少し手前にソ連という具合に、ヨーロッパの主要な国のパヴィリオンが立ち並ぶただなかに、ドイツとソ連に挟まれて建設されている。この場所の良さは特筆に値する。日本がこれほど優遇されているのは、戦中の三国同盟が影響しているのではないか、と言われる。その後、一九九五年に韓国がパヴィリオンを建設するまで、日本はジャルディーニに自国のパヴィリオンを持つ唯一のアジアの国であり続けた。

上述の歴史を見ても分かるとおり、大型の国際展は、何らかのかたちで政治・経済の影響を受けざるを得ない。一九九〇年以後、世界中で国際展が増加したのは、ひとつの解釈としては、ベルリンの壁が崩壊し、ソ連が消滅したことの結果ではないだろうか。なぜなら、東西の対立の一方の極が消えたことで、国境の重要性が消え、世界は大都市同士が競争する時代に入ったと思われるからだ。それは、また都市の経済、文化、社会システムの競争でもある。そこで、戦略に長けた都市は、芸術祭、音楽や映画の大型イベント等を開催するようになった。一方、アジアでも経済的な繁栄が顕著になるに従って、都市文化の充実と国家の文化的アイデンティティの確立の必要性など複数の意志と意図が重なり、国際展が多数創設されるようになった。

現在アジアを見ると、中国ではおもな大都市（北京、上海、広東、重慶、成都等）で、多数の双年展（ビエンナーレ）が開催されている。台湾では九八年に筆者がディレクターとなって台北ビエンナーレを開始したが、今や、台中でもアジアを対象としたビエンナーレが開催されている。香港では香港のアーティスト対象のビエンナーレがある。韓国では光州を筆頭にいくつかの大都市で、アート、工芸、デザイン、メディアアートなど、対象を棲み分けつつ、開催されている。シンガポールでは二〇〇六年からシンガポール・ビエンナーレ（二〇〇八年の第二回展ともディレクションは筆者）が開始され、以後今日まで続いている［図2］。インドネシアでもジャカルタ、ジョクジャカルタ、バリなどで不定期になりがちではあるが、複数の国際展が実施されている。他にアラブ首長国連邦の一国であるシャルジャでもビエンナーレが定期開催されている。もともと、国際展は、首都ではうまくいかず、地方の有力都市が開催する方がうまくいくと言われてきた。それは、都市のプライドを必要としているのは、しばしば第二の地位に甘んじている都市の場合が多いからだ。しかし、今日の乱立ぶりを見ると、そのようなクリッシェはもはや当てはまらないのではないかと思わせられる［図3］。

また、こうした流れを受けて、大型の国際展においては、作品が街のなかの公共空間（外部内部を問わず）や、個人の家、特殊な建築空間等を利用するということが増えてきている。なぜなら、アートを街の

［図2］オーチャードロードの並木を水玉で染めた草間彌生のパブリックアート。singapore biennale 2006

［図3］霧の彫刻で知られる中谷芙二子は、高速道路の下を霧で異空間に変えた。singapore biennale 2008

[図4] エルメスの店舗内に設置された栗林隆のアザラシの作品。singapore biennale 2006

なかに置くことが、街との対話、交流を促進し、都市の振興、地域のアイデンティティの確立、経済活性化、市民に対する文化・教育の普及などのアジェンダを目に見えるかたちで、実現することができるからだ。

変化する展示空間

ところで美術館の展示空間の歴史を考えると、ヨーロッパの初期の美術館は多くの場合、王侯貴族の宮殿だった経緯があり、展示空間は凝った照明や床、天井など極めて装飾的で、赤や緑に彩られた壁に絵画を三段、四段にかけるような展示を行っていた経緯がある。しかし近代美術の牙城であったニューヨーク近代美術館は一九二〇年代以後、真っ白で装飾のない箱のようなギャラリーを展示空間の理想と位置づけた。このことによっておよそ五〇年以上、ホワイトキューブは世界の展示空間の標準となってきた。しかし二〇世紀末に始まったホワイトキューブ批判とその後のさまざまな実験的展示によって、今日では固有の特徴を持った空間、記憶や機能を持つ場所に、あえて特定の作品を設置するという展示手法のおもしろさも注目されるようになってきた。このような場に最適化した作品をサイトスペシフィック・ワークと呼ぶ［図4］。

筆者がキュレーションした二〇〇六年のシンガポール・ビエンナーレでは、市内一九ヵ所の会場に作品を展開した。最大の会場は、イギリスの統治時代に作られた旧市庁舎で、威風堂々としたバジリカ型の建築だが、内部の空間は現代美術にとって理想的ではない。しかし軽易な改装で十分ギャラリーとして使用することができた。一方、近郊にあるタンリン・キャンプは、イギリス軍の兵舎だったバラック群でかなり荒れた廃墟だったが、やはりこれを最低限の改装で、使用した。多くのシンガポール市民がその存在さえ知らない施設であった。さらに六ヵ所の宗教関係施設（仏教寺院、モスク、キリスト教会、シナゴーグなど）が入っているのがひとつの特徴だった。またそれ以外にも国立図書館、国を代表するショッピング街オーチャード通り、大学のキャンパス、地下鉄の駅など街のなかの公共空間に広く展開していた。このビエンナーレを契機に、旧市庁舎は国立美術館に転換が決まり、タンリン・キャンプは緑のなかに点在する郊外型レストラン・ショップの施設に変わっていった。これも国際展の都市に対する貢献かもしれない。

市内に会場を点在させるという選択は、観客にもう一度シンガポールという街の歴史や社会について読み直してもらうという事が意図されていた。また宗教施設に作品を置くということは、通常訪れない異教徒のテリトリーに入るということ、つまり他者と出会い、対話するという機会をつくり出す文化交流の基盤を生み出した。

二回目のシンガポール・ビエンナーレは、一回目のムードや流れを継承しつつ、いかにそれを革新し、異なったものにするかという問題意識を持って臨んだ。そこで、会場は三ヵ所に減らし、単純化した。そのうち金融街に近いマリーナベイ水際の会場は、坂茂に頼んで一七〇個のコンテナを積み上げた仮設のパヴィリオンを建設して使用した。こうして街のどこからでも見えるモニュメントを会場とすることで

［図5］変化する光のバルーンでできたウスマン・ハックの観客参加型作品。singapore biennale 2006

PR効果を上げることを目論んだ。またラッフルズホテルの前にイギリス軍が創建した古い建築物数棟が放置されていたのを見つけ出し、これも重要な会場にした〔サウスビーチ・キャンプ〕。三つ目の会場は、第一回展にも使った長大な旧市庁舎である。一回目も二回目も展示空間は、単なるホワイトキューブのギャラリー空間が極めて少なく、古い建築の空きスペースの会場が中心であった。これは、キュレーションをする立場からすると、最も困難で、最もおもしろい体験となった。

このような街の空間を使うという方法は、毎年継続している六本木アートナイトでも顕著である。六本木アートナイトは、その原型がパリのニュイ・ブランシュという一夜限りのアートのお祭りだが、アートナイトでは、六本木の三つの美術館（サントリー美術館、国立新美術館、森美術館：アート・トライアングルと呼んでいる）に加え21_21デザインサイト、六本木商店街振興組合、東京都、などが共催して行っている。この場合、アート作品のほとんどは空き地、通路の壁、広場、校庭、アリーナ、ショッピングモール、駐車場、ショップやレストラン、などきわめて多様な都市空間に進出し、街を行く人びとの目の前に登場する。このことはアートを人びとに身近なものとする効果があるだろうし、生活のなかでいつもアートを楽しもうという森美術館のモットーともつながってくる。もちろんそれぞれの場所で多くの規制に直面するが、こうした制約も将来的にはアート特区などの考え方で解消していくことが望ましい［図5］。

展示空間としての都市の文脈と変わりゆくアート

こうした流れのなかで、アートそのものも変わってきている。基本的に大きな背景として、近代芸術、つまりモダニズムにもとづいたアートから今はすでに近代以後の芸術、すなわち後近代（ポストモダン）の時代のアートにシフトしてきた。近代においては普遍的な価値観（絶対的な美的観念に対する信念と言い換えても良い）にもとづく美しい形態と色彩を追求していたが、今日ではとくに非欧米圏で土着的、地方的、民族的な物語性を帯びた個別的な作品が多数登場してきている。そこにはヴァナキュラーな表現としての多様な彩りが生まれ、ローカルな言語としてのアートの役割が生まれてきている。そのようなアートの状況は、先ほどのホワイトキューブの縮退と並行して進みながら、新たなアートのヴォキャブラリーの誕生につながっている。

その場合、場の特性は、作品の印象を左右する。単純に言うと場にはふたつの文脈がある。ひとつは、空間の色と形態（開口部や装飾、天井や床、壁の色といった物理的な要件）であり、もうひとつはその場所の歴史的、機能的、意味論な文脈である。作品の選定にとって前者が重要なことは、誰でも想像できるだろう。一方後者は、たとえれば、そこがかつて魚市場だったとすれば、それが意味論的な要件となる。だったら魚の彫刻を置こうか、という発想が重要になる。そこで作品制作に際し、以上のふたつの場の文脈を勘案して作品を選定し、あるいは新作の提案を依頼することが最も正当な方法論だということになってきた。

このような視点を展覧会とその会場としての都市に適用したらどうなるのか。都市の上で開催する展覧会のコンセプト自体も、その都市にあったサイト・スペシフィックなテーマを設定し、会場もその都市のアイデンティティを象徴する場所を選ぶということになってくる。たとえば第一回目の台北ビエンナーレは、変化する東アジアの都市をテーマにしたが、タイトルは「欲望場域」とした。場域は日本ではあまり使われない単語だが、中国語ではちょうど、英語のサイトの意味で、英語のタイトルは site of desire となる。またシンガポール・ビエンナーレの一回目では、当初国の所在位置から、One degree north（赤道から北緯一度北の意）というタイトルが有力だった。いずれにしろ、作品はそのようなメタ・コンセプトに合わせて選定することになる。もちろんそのような方法論がつねに正しいということではないが、どのようなディレクター、キュレーターも、今やこうした都市、場の文脈に対して、どのようなポジションをとるかという問題を避けて通ることはできない［図6・7］。

さて、このところ二〇二〇年の東京オリンピックに向けて、どのような文化イベントや活動をしていくかを、多くの文化関係者が議論している。この際、アートを展開するのが都市空間だと想定すると、いくつかの手法が考えられる。まず通常考えられるのが広場に置かれる彫刻や壁に描かれる壁画のたぐいである。しかしこれでは五〇年代から日本でも盛んに行われてきた野外彫刻と同じである。この野外彫刻という言葉は八〇年代後半からは、パブリックアートという言葉にとって代わられ、公的、私的空間で広く展開された。パブリックアートという言葉の普及と呼応して、既成の作品を広場に置くような（プロップアートと呼ばれた）やりかたは、批判され、サイトスペシフィックなあり方が論じられるようになった。しかし、二一世紀の今、オリンピックという国際的なイベントと協働して、世界に対するメッセージの発信として実施するのであれば、それとは違う、都市のアートのより新しい展開を開示するようなアートの発展を期待したいところである。

[**図6**] シンガポールの仏教寺院の絨毯は、特別に制作されたシュー・ビンの作品。singapore biennlae 2006

[**図7**] シンガポールの仏教寺院に置かれた杉本博司のヴィデオ作品。singapore biennale 2006

それは、一時的な設置でもいい、テクノロジーを使ったものでもいい、パフォーマンスのような人間の参加を求めるものでもいいかもしれない。パブリックという言葉を文字どおりに受け取って、公共的な色合いを帯びるアートをすべて、パブリックアートと規定してはどうだろうか？　そこに新たな可能性が開けないだろうか。

都市とアートの未来

街のなかにアートを遍在させるといっても、巨大でグラマラスな作品がすべてではない。より人間的で概念的なアプローチのアートも重要である。なぜなら、アートが求めるものは、パワーではなく、コミュニケーションだからだ。そこで、たとえば都会のなかに森を再生させるような自然をテーマにするような作品も出てくるかもしれない。また天気と関わり、動物と戯れる、といった人間的な作品も重要である。コミュニティということで言えば、地元の小さな物語をメディアに乗せて可視化し、みんなとシェアしていくという方向もあるだろう［図8］。アーティストは子どもたちと一緒に物語を描き、紙芝居をつくり、あるいは粘土で舞台をつくるかもしれない。パフォーマンスと演劇、映画の境目は今や曖昧である。だから、地元に伝わる出来事をアートとして、映像やパフォーマンスに結晶させることも可能だろう。観客の参加型ということであれば、制作参加し、あるいは一緒にお茶を飲む、食べる、話す、といった生活の基本行為を共有する作品など、多様な方法論が予測される［図9］。そのようなアートは都市の一画の小さなパブリック・スペースから、噂話のように、人から人へとさざ波のように広がっていくかたちをとるのかもしれない。

コミュニケーション型の作品も、またテクノロジーに支援されれば、より広い範囲に展開可能となる。かつてナム・ジュン・パイクは衛星放送を使って、地球規模でアーティスト達が対話する作品（グッド

[**図8**] 店先につるされたプラスティックのシャンデリアもチェ・ジョンフアの作品。Art Towada、十和田市現代美術館

[**図9**] 折元立身は100人の市民とパン人間のパフォーマンスを実施した。yokohama triennale 2001

モーニング・ミスター・オーウェル：ニューヨーク・WNET／パリ・FR3）を実現した。ネットが一般化した今日、地球規模の広がりを持って人々をつなぐ試みは、違うかたちで実現できるはずだ。

たとえば市民が携帯電話を使って何かを選択すると、それが引き金となって、光が街中にさざ波のように広がっていく作品とか、みんなの持っている携帯にアートがメッセージをもって入っていく仕掛けとか。最近流行っているプロジェクション・マッピングの建築を覆い尽くすスケールの作品も、観客の参加でイメージが変化する作品に発展することが可能である。それに加えて、レーザー、サーチライト、ネオン、LEDなど、多様な素材がこれからの街中アートのメディアとして登場する［図10］。

そう考えると、アートの「展示空間」という言葉の意味は今、まったく変わりつつあるのではないか。展示空間は都市そのものとなるだろうし、そのステージは目に見える空間だけではない。今日では、都市の上を覆っているインター

［図10］ハンス・ペーター・クーンの橋桁を突き通したネオン管の作品。singapore biennale 2008

ネットの仮想空間も展示空間ということになるだろう。さらにＡＲなどの新しい技術が登場し、仮想と現実の間の壁も壊れ始めている。

今日、アートという言葉は、その意味内容をますます拡大している。日本のビエンナーレ、トリエンナーレはいつの間にか、欧米型の現代美術展から乖離し、ワークショップやインタラクティブな作品を通して、観客の参加を促し、多くの市民の趣味と娯楽に結びつくようになってきた。美術の先生と生徒の関係は家元制度に回帰し、プロとアマの境界は曖昧になり、かつてアレクサンドル・コジェーヴが記述したように、「終わりのない、趣味の向上のサイクル」へと誘われる。そこにあるのは、生活のなかに溶け込み、重層的な文化の深さを生み出す日本の伝統的文化構造と言えないだろうか。

アートのレイヤーこそが都市の表層に位置している。それが都市の意味を決め、存在を主張し、市民のライフスタイルと生きる価値を規定する。それなしに、都市のブランディングは不可能である。「経済は文化の僕《しもべ》である」という言い方があるが、都市はアートの基盤であり、ステージである。アートは、その際限のない変容と呼応して、包括的に都市を包み込み、より重層的に、そしてより不可視的に都市に遍在する方向へ向かう。

根底にあるのは、人と人の絆＝ネットワークの上に構築された共存と対話、棄却と創造の終わりのない循環活動ではないだろうか？　世界の人とつながる、シェアする、協働することをテクノロジーと行動で可視化することが、新しいアートの方向性かもしれない。そのような新しいコンテクストのなかで、都市はアートの巨大なキャンバスとなり、新たなアートは都市というキャンバスに未来へ向けての可能性を描いてみせる。変化はこれから加速するだろう。

論考

地方（へ）の意識を変える国際展

五十嵐太郎

参加したいと思わせる会場施設――リスボン建築トリエンナーレ

筆者が最初に関わった国際展は、第一回リスボン建築トリエンナーレ二〇〇七の日本セクションのキュレーションを担当したときである。これは突然、一通の依頼のメールが舞い込み、それを引き受けることから始まった。しかし、条件はかなり厳しく、リスボン側からは会場を提供するだけで、展示にかかる費用は一切支給されない。それでも、なぜ私が引き受け、また多くの若手の建築家が持ち出しでも参加してくれたのか。その理由のひとつは、会場が、アルヴァロ・シザの設計したリスボン万博のポルトガル館だったからだと思う。これは薄いコンクリートの屋根がたれさがり、広場的な空間を屋外に生みだすダイナミックな建築である。つまり、尊敬できる巨匠の建築家によるすぐれた会場なのだ。建築の関係者にとって、ここなら是非展示してみたいと思わせることは重要だろう。実際、オープニングのときは、この大屋根の下に多くの出品者や市民が集まり、祝祭的な場に変貌していた［図1］。

ひるがえって、日本の場合、海外のアーティストや建築家に、ここならたとえ持ち出しでも参加し、展示してみたいと思わせるような空間は、どれくらいあるだろうか。そもそも横浜トリエンナーレにしても、当初は毎回メイン会場が変わるような状況が続き、この芸術祭ならあの場所だというアイデンティティすらな

[図1] アルヴァロ・シザ設計のリスボン万博ポルトガル館で行われた、リスボン建築トリエンナーレ2007のオープン前の様子

かなか確立していない。したがって、日本で国際展を企画する場合、基本的に海外のアーティストには展示にかかる費用を提供している。むろん、企画者側がお金を出すこと自体は決して悪いことではない。筆者もリスボン建築トリエンナーレでは、資金集めでかなり苦労し、それでも充分ではなかったので、参加した建築家や大学の研究室はそれぞれに持ち出しを行っていた。とはいえ、海外の目からも魅力に思えるような会場を戦略的にもつことは、アーティストにとっても大きな動機になるから、もう少し考えてよいトピックだろう。

一〇〇年以上の歴史がもつブランド的価値
——ヴェネツィア・ビエンナーレ

じつはヴェネツィア・ビエンナーレも、国別のパヴィリオンについてはジャルディーニの敷地を貸与している代わりに、展示にかかる費用はヴェネツィア側から一切支給されない。それぞれの国が自前で資金集めをすることになっている（逆に資金難で展示をしないと、場所をとりあげられ、別の国が代わりに入るだろう）。むろん、これは横綱だからこそできることだ。ヴェネツィア・ビエンナーレは、一八九五年にスタートし、今や一〇〇年以上の歴史をもつ世界でもっとも古く、かつ有名で、格のある国際展である。すなわち、これは参加するだけで、名誉に感じられるようなブランドなのだ。打ち上げ花火的に一度や二度だけ開催して止めるのではなく、長く継続してきたからこそ、揺るぎない価値を獲得したのである。政権や知事が変わると、いつ終わってもおかしくない日本の国際展の状況を考えると、こうした長期的に継続できるシステムの構築が求められるだろう。ヴェネツィア・ビエンナーレも、最初は市が始めたものだが、後に財団化して運営している。

ヴェネツィア・ビエンナーレのパヴィリオンは、国によってサポートする組織やコミッショナーの選び方は違う。日本の場合は、国際交流基金が美術も建築も、両方のコミッショナーを決定し、その展示予算を出している。たとえば、ジャルディーニにパヴィリオンをもたず、毎回サン・マルコ広場の近くの建物の一角を間借りしている台湾の場合、建築の展示のコミッショナーを決めるコンペにおいて、筆者は外部審査員として参加したことがあるのだが、美術と建築では異なる組織がサポートしていた。現在、筆者は日本館のコミッショナーを選ぶ、国際交流基金の国際展事業委員会のメンバーになっていることもあり、隔年で行われる建築と美術、両方のヴェネツィア・ビエンナーレを、最近では毎年のように訪れている。その際に感じることは、メイン会場以外のまちなかに展示が増え、どんどん規模が拡大していることだ。つまり、ビエンナーレの期間に合わせ、さまざまな国や組織が街の空きスペースを借りて、独自に展示を企画している。これもヴェネツィア側がお金を出す必要がない。

筆者は、二〇〇八年九月一四日にスタートした第一一回ヴェネツィア・ビエンナーレ国際建築展二〇〇八の日本館においてコミッショナーをつとめた。これは五〇ヵ国以上が参加する、世界で最大規模の建築展だ。ロッテルダム、リスボン、香港・深圳などでも、建築の国際展は開催されているが、これは会場面積が最も大きいものである。ヴェネツィアのイベントが、どれくらいデカイかと言うと、ジャルディーニとアルセナーレのふたつのメイン会場を急いで見るのに最低でも一日、普通に鑑賞すれば二日はかかるし、さらに街のあちこちにも展示空間が点在し、これらをゆっくりと全部まわろうとしたら、一週間近くは必要だろう。美術展ならば、さらに規模は大きい。よく知られているように、ヴェネツィアは車で移動できないため、船をしばしば使うことになるが、交通はとにかく時間がかかる。あいちトリエンナーレや横浜トリエンナーレなど、都市型の国際展は、交通が不便だと、すぐに来場者からクレームがつくが、ヴェネツィアのほか、越後妻有トリエンナーレや瀬戸内国際芸術祭のように、特殊な環境をウリにしている場合、むしろそれは非日常的な体験として歓迎される。実際、古建築がよく残る水の都ヴェネツィアは、何度訪れても、まるで生きたテーマパークのように、祝祭的な雰囲気をもたらしてくれる。

ヴェネツィア・ビエンナーレのスケール感やメディアからの注目度は、内覧会の日数からも窺えるだろう。オープンは九月一四日だったが、内覧会は一〇日から一三日まで、合計四日間もある。通常の展覧会はせいぜいオープン前日の夕方だろう。リスボン建築トリエンナーレ二〇〇七でも、一日だったし、まだ一回目ということで、さほど多くのプレスは集まらなかった。ともあれ、内覧会の四日間は、一〇時から一七時まで、ひっきりなしに各国のテレビ、新聞、雑誌の取材が続き、しかも専門誌だけではなく、有力な一般メディアも訪れる。掲載数の多さを見ると、ビエンナーレは、業界の外に向けて、現代建築の方向性を世界に提示する絶好の機会といえるだろう。内覧会の期間中は三〇分刻みであちこちの国のオープニングのセレモニーも行われるが、重なるケースが多く、自国のプレス対応で精一杯なので、とてもちゃんと出席できるような状況ではない。おそらく内覧会を一番楽しめるのは、当事者ではなく、プレスの人間だろう。

展覧会が始まると、すぐにさまざまな媒体でレビューが掲載された。たとえば、誰もが普通に手をとる一般の新聞で、建築の展覧会の長い記事が掲載されるという文化的な背景が感じられる。オープンしてすぐに、ヴェネツィアのレストランの給仕から日本館がいいらしいねと声をかけられたのも驚いた。市民のレベルでも、口コミで噂が広がり、話題になっている。ややマイナーなリスボン建築トリエンナーレでさえ、筆者へ

［図2］ 各国から届くヴェネツィア・ビエンナーレのオープニング招待状

のインタビュー映像がヨーロッパ各地のテレビで配信された。もうひとつ驚いたのは、建築家や教育者などの海外の知人の多くと、あるいはそれまでメールでしかやりとりしていなかった編集者と、会場で遭遇したことだ。つまり、ヴェネツィア・ビエンナーレ建築展の内覧会は、必ずしも出展者でなくても、各国の建築に関心のある人物が二年に一度集合する場所なのである。ここが世界の建築の文化的な交流の場として機能していることを実感した［図2］。

　東京やパリのような巨大都市だと、オリンピックくらいの国家レベルのものでないと、普通のイベントは情報の渦に埋もれてしまうが、ヴェネツィアは世界的な知名度がある手ごろなサイズの個性的な街だからこそ、ちょうどいい。空港や船の乗り場から始まって、街の随所にビエンナーレのポスターを見かける。ヴェネツィアは、観光収入の方が圧倒的に多いだろうが、文化的な聖地としての価値をもつことで、外部資金を導入している。例えば、プンタ・デラ・ドガーナは、一五世紀にさかのぼる古い税関を美術館に改造する安藤忠雄のプロジェクトである。敷地は、海を挟んでサンマルコ広場のはす向かい。興味深いのは、ヴェネツィアがフランスの実業家フランソワ・ピノーのコレクションのための美術館の建設を許可する代わりに、税関の修復工事などの資金を出させていること。つまり、一等地を提供する代わりに、市がお金をかけずに建物の保存工事が行われる。プンタ・デラ・ドガーナは、ヴェネツィア・ビエンナーレ国際美術展が始まる二〇〇九年六月にあわせてオープンした。日本だと、税金を投入して国際展を開催するというイメージだが、ヴェネツィアのレベルに到達すると、むしろ文化はお金を生み出す。

企業の参加と横浜トリエンナーレ二〇〇八

世界中に数えきれないほどのビエンナーレやトリエンナーレがあるという。激戦によって開催地が決まるオリンピックや万博とは違い、IOCやBIEのように数を制限する認定機関がないからだ。二年に一度であれば、ビエンナーレ、三年に一度であれば、トリエンナーレと、誰でも自由に名前をつけることができる。とはいえ、日本はビエンナーレやトリエンナーレが、世界でもっとも多い国かもしれない。すでに越後妻有や瀬戸内、そして神戸ビエンナーレのほか無数に現存しているし、今後も札幌、京都、青森、埼玉でも、芸術祭の開催が続く予定だ。しかし、横浜トリエンナーレは、これらの地方自治体が始めたものとは違い、九〇年代以降、アジア各地で国際展が始まっていることを背景に、国策として日本でも堅実な国際展を開催することを意図したものである。もともとはコンテンツをつくる国際交流基金が、会場を提供する横浜市と連携してスタートしたが、民主党の事業仕分けを経て、現在の横浜美術館主導のシステムになった。

筆者は、横浜トリエンナーレ二〇〇八に関わる機会を得たことがある。これは東北大学の五十嵐研究室が大和ハウス工業の依頼を受けて、数年間、家型のリサーチをした成果として、平田晃久による新しい屋根をもつ一分の一の住宅、《イエノイエ》を横浜ワールドポーターズの前に建設したものだ［図3］。正確にいうと、

［図3］横浜トリエンナーレ2008で展示された平田晃久設計による《イエノイエ》

キュレータが選ぶ横浜トリエンナーレの正式な出品作ではなく、内部空間をもつ実際の建築ゆえに、インフォメーションセンターとして使われたものである。すなわち、大和ハウス側の負担で建設しているので、横浜トリエンナーレが外部資金を導入しながら、若手建築家がつくる実験的な空間を追加したと言えるだろう。ちなみに、リスボン建築トリエンナーレの打ち上げにおいて、筆者が横浜トリエンナーレの広報を担当した平昌子と話したことがきっかけで動き出したプロジェクトである。

国際展への大がかりな企業の参加としては、瀬戸内国際芸術祭や越後妻有トリエンナーレにおけるベネッセが有名だ。とくに前者の場合、むしろ一民間企業のベネッセが二〇年かけて丹念にまいてきたアートの種が、芸術祭を開催できる環境を育成した。注意深く観察すると、お金をかけても長く残るタイプのすぐれた作品は、ほとんどベネッセのプロジェクトであることがわかる。またプリツカー賞の受賞者でもある安藤忠雄とSANAAのほか、三分一博志らの建築は、日本建築学会賞（作品）を二回受賞するだけではなく、海外からも高く評価されている。むろん、これらは建築だから、コストもハンパではない。規模にもよるが、建築をつくる予算があれば、大型の国際展をまるごと何度か開催できるだろう。だが、瀬戸内はそれに十分見合うだけの国際的な知名度も獲得している。

ヨーロッパの国際展から学ぶこと

二〇一一年八月、筆者はあいちトリエンナーレ二〇一三の芸術監督に就任した。およそ二年の準備期間があることは、日本の芸術祭としては恵まれている。とくに二〇一二年五月から六月にかけて、キュレータのチームで、フランス、ベルギー、ドイツ、ルーマニアを訪れ、カッセルのドクメンタ13ほか、各地の国際展、ギャラリー、アーティストのスタジオを一緒にまわりながら、移動合宿のような時間を過ごしたのは、あいちの方向性を定めていくのに大いに有意義だった。越後妻有や瀬戸内が、里山や島々の風景など、圧倒的な場所の強度をもつのに対し、あいちトリエンナーレは長者町や岡崎などのまちなか展開があるとはいえ、普段暮らしている都市生活の延長になってしまう。だが、ふたつの美術館、すなわちホワイトキューブを使える分、強いテーマ性を打ち出した展示が可能となる。

このときにまわったいくつかの国際展を紹介しよう。パリ・トリエンナーレは、さらに拡張されたパレ・ド・トーキョーが会場である。新作は少ないものの、作品の数が圧倒的に多く、なによりも驚かされたのは、三倍に拡大された空間だ。もともとラカトン&ヴァッサルによる、完成させない、すなわち半分廃墟のまま使い始めるリノベーションがユニークな建築である。それがもっとカッコよくなっていた。日本だと、新築みたいになってしまい、こういう古さや傷を残したリノベーションをなかなかできないのが、残念である。

ベルギーでは、ゲンクのマニフェスタ9を訪れた。これは毎回都市を変えて開催される国際美術展であ

[図4] ゲント駅のシンボルを改造して話題となった西野達の作品《時計塔ホテル》

［図5］第7回ベルリン・ビエンナーレで物議を醸した黒い壁の作品

る。このときはゲンクの歴史から、炭鉱と近代をテーマに掲げ、それに関連したかつての大工場を、そのまま展示スペースとして用い、内容に説得力を与えていた。また同じくベルギーのゲントでは、逆に会場を街中に分散するトラックにするという歴史のあるアートイベントをスタッフに案内してもらった。まちなか展開を行うあいちトリエンナーレとしては、学ぶべきことが多い。興味深いのは、まちなか展開をしばらく継続した後に、それらの作品を収蔵する美術館ができたこと。このときの目玉は、西野達の作品である。ゲントのランドマークである駅の時計台を包んで、宿泊できるホテルの部屋に改造してしまうものだ［図4］。市長も泊まったという。あいちトリエンナーレ二〇一〇において、西野は名古屋城の金鯱やテレビ塔を作品化しようと試みたが、認められなかった。シンガポール・ビエンナーレ二〇一一でも、彼はマーライオンを包んでホテル化したように、美術館の外に飛びだす作品展開は、その都市がどこまでアートの想像力を許容するかにかかっている。

[図6] カッセル・ドクメンタのオープニング。一般市民もレセプション会場の市庁舎になだれ込む

ドイツでは、政治色を打ち出した過激な内容で話題になった第七回のベルリン・ビエンナーレが強烈だった。毎日のように討議を行う会場の雰囲気は、六〇年代の学生運動が盛んだったころのキャンパスを想起させる。そして道路を黒い壁で遮断し、自動車を通れなくした作品が物議を醸していた[図5]。ベルリンにとって壁は、政治的な意味をもつが、これは都市の見えない階層を可視化する作品である。しかし、壁には邪魔だという憎悪の言葉の落書きが増え、地元のテレビでも議論がなされたらしく、結局、会期の終わる少し前に撤去されたという。もっとも、日本では二ヵ月近く公道をふさぐようなインスタレーションは、そもそも許可されないはずだ。ベルリンのアートへの理解には、あらためて感心させられた。

最大の目的地は、ドイツのカッセルで、半世紀以上続く、五年に一度のドクメンタである。本当に何もない小さな地方都市だが、ヴェネツィア・ビエンナーレと並び、世界中のアート関係者が集まる国際美術展にまで成長した。毎回異なる展開をしており、このときは大きなバロック風の庭園、駅舎、ホテル、博物館、旧病院なども活用し、くまなくまちなかを歩く仕掛けである。印象に残ったのは、オープニング・レセプションだった。鼓笛隊の演奏に続き、来場者が正面玄関をのぼって市庁舎になだれ込む［図6］。実質的に招待状をチェックしていないので、おそらく多くの一般の市民も入り、夜遅くまで、飲食と音楽を楽しんでいた。小さな都市だからこそ可能なことかもしれないが、このオープニングはアートの関係者に閉じず、誰もが気軽に参加できる地元の祭りとしても根づいているように思われた。

あいちトリエンナーレ二〇一三の試み

あいちトリエンナーレは、愛知県の知事を三期つとめた神田真秋が始めたものである。地元の文脈で考えると、二〇〇五年に開催した愛・地球博、すなわち万博に代わる、国際的なイベントと言えるだろう。二〇一〇年の第一回は建畠晢が芸術監督をつとめ、まちなか展開を導入し、大きな話題を呼んだ。事業費は愛知県が四分の三、名古屋市が四分の一の割合で出し、それがメインの予算になっている（地元の大企業トヨタは自動車の貸与などでサポートするが、とくに出資していない）。

筆者が「揺れる大地──われわれはどこに立っているのか：場所、記憶、そして復活」というテーマを掲げ、あいちトリエンナーレ二〇一三において試みたのは、東日本大震災以降という主題を明確に設定すること、そして建築的な視点を打ち出すことである。前者については、なぜ愛知で震災なのかとしばしば聞かれ、『中日新聞』の酷評座談会でも批判されて反論したが、ひと言でいうと、これは県民芸術祭ではないからだ。つまり、三・一一の後、十分な準備期間をもちながら、日本で最初に開催される本格的な都市型の国際展として、世界から見れば、震災と無関係の方が不自然である。ゆえに、テーマ性を表現しやすいふたつの美術館では、「揺れる大地」を意識した作品が多く展示された。国際展はテーマがあるようで、実際はないに等しいことが多

[**図7**] あいちトリエンナーレ2013で話題となった作品のひとつ。伏見地下街を青く塗りかえた打開連合設計事務所による《長者町ブループリント》

いが、ここではっきりとしたキュレーションを行った。一方であいちトリエンナーレは、大型の芸術祭であり、美術館が単体で開催する企画展ではない。まちなか展開を中心に、場所や記憶に関わる作品も入っている。

建築的な視点については、建築家を起用するだけではなく、愛知芸術文化センターの全体に福島原発を重ねあわせた宮本佳明、名古屋市美術館の空間を読み替えた青木淳＋杉戸洋、そして岡崎の百貨店シビコの屋上すべてを使ったスタジオ・ヴェロシティなど、空間を大胆に活用する作品を展開した［図7］。実際、アート以外にオペラやパフォーミングアーツまで含む、あいちトリエンナーレは愛知芸術文化センターの大ホールから展示スペースまで、同じテーマのもとフルスペックで稼働する開館以来初のイベントだろう。徹底的に空間を使い倒すことが、もうひとつのテーマだった。また建築ガイドの刊行やオープンアーキテクチャーなどのイベントによって、まちの魅力を再発見する仕掛けも組み込んだ。外部の視点をもったアーティストの

［図8］宮本佳明《福島第一さかえ原発》、あいちトリエンナーレ2013

作品を通じて、当たり前だと思っていた地元の特徴を知る機会にもなるだろう。と同時に、グローバリズムの時代における都市間競争を考えたとき、国際展は都市の文化的な価値を引き上げる役割も果たしている。

だが、そうしたブランドになるには、毎回の入場者数に一喜一憂せず、継続していくことが重要である。あいちトリエンナーレ二〇一三は、ハードなテーマを設けても入場者数が激減しなかったことが成果だと思うが（実際は微増）、本来はこうした数字以外の評価軸を行政も共有できるのが望ましい。長く続けていれば、ときには来場者が減ることもあるだろうから、オロオロしないこと。そうしないと、右肩上がりで、つねに数を増し続ける大本営発表のごとく、身動きがとれなくなり、いつか行き詰まるだろう。アートの種をまくことは、短期的に回収する性質のものとは違うはずだ。戦後、日本は各地にハコものを大量につくり、そうした文化のハードが飽和した現在、あるいは空き家や空きビルが地方に出現するようになった状況において、既存施設を活用し、専用のハコをもたないことで維持費がかからず、いつでも撤退しやすい国際展は、行政にとって都合のよいソフトかもしれない（簡単に止められることを意味するのだが）。しかし、これはスクラップ・アンド・ビルドの社会から、文化的な蓄積に目を向け、シビック・プライドを持てる社会へ、日本が大きく転換していくときの重要なツールにもなりうる。おそらく、国際展は街づくりそのものにはならないが、人びとの意識を変えるきっかけをもたらす。

ただし、地方の政治と行政だけに頼るシステムは、トップダウンだけに、フラジャイルだ。市長や知事が自らトリエンナーレを始めると、逆に政争の具としてつぶされる可能性もある。そうした影響を受けないために、ヴェネツィアのように独立した組織をもつこと。あるいは、ブリスベンのアジア・パシフィック・トリエンナーレのように、クイーンズランド美術館が主催し、コレクションの方針と連動させること。この美術館では、毎回のトリエンナーレの作品を購入・収蔵し、アジア・パシフィック圏の現代美術のコレクションを充実させている。また別府現代芸術フェスティバルのように、小規模ながら市民主導型でマルチファンディングの方法であれば、大きすぎて身動きがとれなくなった恐竜にならずに、しぶとく生き残っていくかもしれない。中之条ビエンナーレも、派手ではなく、小さいが、だからこそじっくりと続く可能性をもつ。日本国内のあいちや横浜などの大型の国際展は、開催年度がズレていることを利用し、人材の確保など相互に連携するシステムも構築できるはずだ。文化予算が減ったとしても、街のインフラや小さな公共施設の補修・新築を国際展のプログラムに組み込むことも考えられる。いろいろな道はあると思う。これから三回目、四回目を迎える日本の国際展は、今後、継続のシステムを探ることも求められるのではないか。

07

REPORT

活動紹介

アートと地域をつなぐ実践

社会との新しい関わりを見出そうと、都市で活動を展開するディレクターたちがいる。彼らはアートや演劇、デザインといった分野を拡張し続けながら、地域と環境に根づく文化の仕掛けを試みる。こうした取り組みは都市に生きる私たちにいかなる誇り(シビック・プライド)を生み出すか——。

3人の実践者の活動からアートやデザインを通じた街への仕掛け方に迫る。

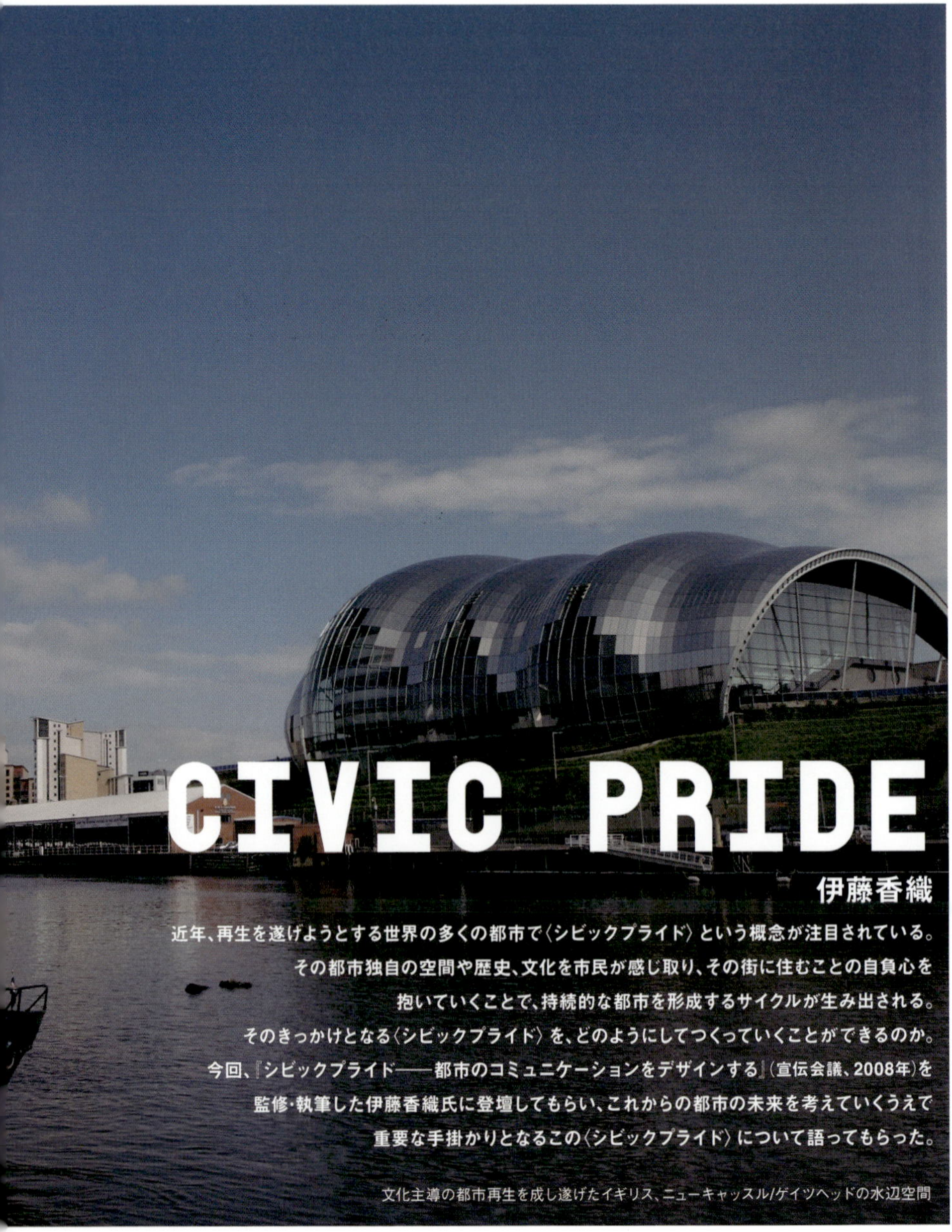

CIVIC PRIDE

伊藤香織

近年、再生を遂げようとする世界の多くの都市で〈シビックプライド〉という概念が注目されている。
その都市独自の空間や歴史、文化を市民が感じ取り、その街に住むことの自負心を
抱いていくことで、持続的な都市を形成するサイクルが生み出される。
そのきっかけとなる〈シビックプライド〉を、どのようにしてつくっていくことができるのか。
今回、『シビックプライド——都市のコミュニケーションをデザインする』(宣伝会議、2008年)を
監修・執筆した伊藤香織氏に登壇してもらい、これからの都市の未来を考えていくうえで
重要な手掛かりとなるこの〈シビックプライド〉について語ってもらった。

文化主導の都市再生を成し遂げたイギリス、ニューキャッスル/ゲイツヘッドの水辺空間

シビックプライド(civic pride)とは都市に対する市民の誇りのことです。この場所をより良くするために自分自身が関わっていくという当事者意識に基づく自負心とも言え、これが「郷土愛」とニュアンスの異なるところです。世界の流動性が高まっている現在、ある意味排他的な「郷土愛」以上に、多様な出自を持つ人々にこの都市の市民であることの自覚を促すシビックプライドが重要になってきています。イギリスのバーミンガムで行われたシビックプライド・キャンペーンでは「You Are Your City(あなた自身があなたのまちです)」というスローガンが掲げられ、1人ひとりがこの都市を構成する一員であることを意識させるメッセージが発信されました。興味深いのは、シビックプライドという言葉は単純な経済的豊かさを誇るときには使われず、文化的な豊かさと関係が深い点です。これは多様性を持った都市の個性を伸ばしていくことにもつながります。シビックプライドは都市に対する人の心持ちですが、それを確認し共有するために、目に見える象徴が求められることがよくあります。ここでも文化がキーになります。イギリスの元首相のトニー・ブレアは「より良い公共建築」という冊子の序文でシビックプライドについて次のように言及しています。「100年前、多くの公共建築はイギリスの都市の誇りであった。学校、駅、郵便局、図書館などが、建築デザインの高水準の規格となり、民間企業がそれを見習おうとした。シビックプライドをこよなく体現するものであったのだ」。18~19世紀に多くの都市が勃興したイギリスでは、商工業の繁栄で生まれた新たな中産階級市民が、物理的にも社会的にも都市を成形していく者として、シビックプライドが高揚した時代でした。質の高い公共建築や公共空間が市民の尽力によってつくられ、そしてそれが活力ある都市のシビックプライドを体現するも

アムステルダムのI amsterdamキャンペーンの立体ロゴ

ロンドン中の質の高い建築物が一般公開されるオープンハウス・ロンドン

のになっていったとブレアは紹介しているのです。たとえば、19世紀半ばに建てられたリーズの市庁舎はシビックプライドの象徴と呼ばれ、経済的豊かさだけでなく、文化的豊かさにも市民の関心が高いことを誇る象徴として建てられたと言われています。

19世紀においては建築がシビックプライドを体現する媒体でしたが、現代ではほかにもいろいろな形式の媒体が都市を体現する役割を担っていることを『シビックプライド——都市のコミュニケーションをデザインする』という本でまとめました。たとえば、多くの質の高い建築が一般公開される「オープンハウスロンドン」などのイベントや、アムステルダムの「I amsterdam」キャンペーンなどの広告的な手法、またポートランドのパイオニア・コートハウス・スクウェアという広場での、広場に投資した市民の名前を刻んだレンガなどの公共空間のデザインは、現代のシビックプライドを体現する媒体の例と言えるでしょう。

文化芸術に関わるプロジェクトを重ねてシビックプライドを取り戻していった都市の事例をご紹介します。イギリスのニューキャッスルとゲイツヘッドという隣り合うふたつの街は、かつて造船や炭鉱で栄えましたが、それらの産業が斜陽となり、20世紀半ばから不振の時代を過ごしてきました。その後、90年代後半から文化主導の都市再生を成し遂げます。その最初のきっかけとなったのがアントニー・ゴームリーによる「エンジェル・オブ・

「より良い公共建築」の序文にトニー・ブレアがシビックプライドについての文章を寄せた

ニューキャッスル/ゲイツヘッドに誘致された帆船レースで賑わう川辺

「シビックプライドの象徴」と言われるイギリス・リーズ市庁舎

米国ポートランドの広場のレンガに刻まれた市民の名前

ゲイツヘッドのエンジェル・オブ・ザ・ノース

ザ・ノース」という彫刻です。この巨大な鋼鉄の彫刻によって、国内外から大きな注目を浴び、市民が都市における文化の可能性に気づくきっかけにもなりました。さらに、両市をつなぐ川沿いのエリアが再生の重点エリアとなり、工場をリノベーションしたアートセンター、ノーマン・フォスター設計の「セージ・ゲイツヘッド」という音楽ホール、傾いて船を通す歩行者橋が整備され、産業エリアが文化エリアとして生まれ変わりました。特徴的なのは、空間を整備するだけでなく、再生された都市空間を使ってさまざまなアートや文化イベントを仕掛ける組織をつくったことです。街の人々は文化イベントに参加しながら、都市空間を体験し、都市との新しい関係を見出していきました。この組織のディレクターの方は、都市再生には物的な再生だけでなくプライドの再生が重要であること、アートや文化には参加性がありプライド取り戻す助けをしてくれるのだということを説明してくれました。

参加することで、都市空間が他人事ではなくなります。さらに、自分の活躍の場があることが実感できると、それが都市に対する自負になっていきます。シビックプライドは、つまるところ個々人のプライドに根ざしており、それが都市に還元されていくのだと思います。

都市に生きる1人ひとりの市民が、自分自身と都市を重ね合わせていき、そこから生まれるアイデアや技術がその都市独自の財産となっていく。シビックプライドは、そうした都市に散らばっているリソースを集めていくことで形成され、都市を新たに展開していくための力となるものなのです。


（文責：高木佑介）

FESTIVAL/TOKYO

相馬千秋

東京・池袋を中心に多様な文化の発信と創出している〈フェスティバル / トーキョー〉（F/T）は、
国内外から集まるアーティストたちとフェスティバルならではの参加型プログラムで大きな話題を集め、
東京や日本、そしてアジアを代表する国際舞台芸術祭として2009年より毎年開催されている。
日本の都市空間に演劇を挿入していくことは、これからの都市にどのような可能性をもたらすことができるのか。
さまざまなアートイベントや2013年までのF/Tの全企画をディレクションしてきた相馬千秋氏に、
都市のドラマトゥルギーを引き出すための試みについて紹介してもらった。

白神ももこの振付・演出によるF/Tモブ（F/T12）

都市には計画されたものだけでなく、さまざまなニーズがあり、そしてそこに記憶や歴史が堆積しています。そうした都市の豊かな面を演劇の力によって引き出していくことで、都市の可能性はどのように高まっていくのかということを意識しながら、作品をつくったりプロデュースしたりしてきました。

F/Tのメイン会場である東京芸術劇場の前では、フラッシュモブのパフォーマンス「F/Tモブ」が行われました。群衆（＝モブ）が一瞬の煌き（＝フラッシュ）のように起こるという手法は、近年の日本では広告手法的に使われてもいますが、歴史的に見えるとそれは抗議やデモ、追悼のような意味合いがあります。「F/Tモブ」はそうした演劇的なフラッシュモブを使って、街にある種の非日常的な場所を生み出そうという試みです。これはプロのダンサーではなく、素人の方たちが参加できるようにしたプロジェクトでした。

横浜で行ったプロジェクトのひとつに「ラ・マレア横浜」というものがあります。これは横浜の吉田町という街全体を劇場化するというプロジェクトでした。普段の吉田町の街角に、突然演劇的な時間が流れるということを狙った企画です。アルゼンチンの演出家マリアーノ・ペンソッティが考案したプロジェクトで、ストリート全体を劇場として使っています。空き店舗や営業している店舗を10ヵ所程度の場面の舞台にする。そこで物語が同時進行しており、どこまでが現実で、どこまでが我々が仕掛けたフィクションなのかわからないような作品でした。この作品が優れているのは、テクスト内容を脚色していくことで、その都市独自の物語や風景がより鮮明に浮かび上がってくるという点です。

また、横浜と東京を繋いだ「Cargo Tokyo-Yokohama」というプロジェクトがあります。ドイ

井手茂太の振付・演出によるF/Tモブ(F/T12)

日常とは異なる都市の見方を提示する劇場プロジェクト「Cargo Tokyo-Yokohama」(F/T09秋にて、構成・演出はリミニ・プロトコル)

ツのリミニ・プロトコルという方たちの作品で、トラックの荷台を改造して客席にし、東京の品川埠頭から横浜埠頭まで旅をすることで、そこに映し出される港湾部の風景そのものが劇場空間になるというプロジェクトです。日系ブラジル人の実際のトラックの運転手らに、ある種の役者として参加してもらい、実際の生活や労働の現状についてしゃべってもらいながら、観客たちに港湾風景を見てもらう。都市そのもののある一断面を違った目線で見ることによって、都市の見方やフレーム自体を変えるような作品です。

演劇的想像力の可能性は一体どういったところにあるのかと言うと、フラッシュモブのようにある種の非日常を持ち込むことで、日常をずらす、活かすことにあると思います。それから「ラ・マレア横浜」のように、都市を劇場に変容させること。また「Cargo Tokyo-Yokohama」のように、都市の既存の風景やリアリティ、あるいは記憶や歴史といったものの顕在化していくことです。都市に潜む不可視のコミュニティや他者と出会うことは、都市を体験する観客の感覚を書き変え、それを揺さぶることで可能になってくるのではないかと考えています。これらのことを可能にする演劇とは、通常の演劇のように舞台の上で何かを再現している論理とはまったく異なり、ある種の仕掛けによって、フィクショナルなものの見方や環境を構築していくアーキテクチャーのようなものとして考えられるのではないかと思います。

これからの都市の活力全体を高めていくために、地域を活性化させるある種のダイナミズムを生み出すものとしての文化をつくっていく必要があります。それと同時に演劇やアートには、都市に埋もれた歴史や現実を引き出し、都市の問題を気づかせるきっかけとなる力があると考えています。

（文責:高木佑介）

都市を劇場に変容させるプロジェクト「ラ・マレア横浜」（脚本・演出:マリアーノ・ペンソッティ、横浜・吉田町、2008年）

小野寺修二の振付・演出によるF/Tモブ(F/T12)

トラックを改造した車両に観客が乗り込み、品川から横浜までの港湾部の風景が劇場空間となる「Cargo Tokyo-Yokohama」（F/T09秋にて、構成・演出はリミニ・プロトコル）

BEPPU PROJECT

山出淳也

2005年に設立された〈BEPPU PROJECT〉は、日本一の温泉湧出量を誇る別府にて
トリエンナーレ形式(3年に一度)の現代芸術フェスティバル「混浴温泉世界」を仕掛けている他、
雑誌の発行、文化拠点の創出など、地域を結びつけるさまざまな活動を手掛けているNPO法人である。
行政に頼らず、地域住人たちと連携した創造性溢れる市民社会の実現をめざして、
独自の企画を提案しながら継続的な活動が続けられている。同プロジェクトを主宰する山出淳也氏に、
別府における活動と戦略について語ってもらった。

市内を一望する温泉を舞台にしたダンス公演の様子

別府市は人口12万人、温泉の源泉数は全国1位という場所で、そのなかでアートを巡るさまざまな取り組みを行っています。別府市がアートによる文化的試みを考えていたわけではなく、この取り組みはまったく個人的にはじめたものです。ですので、別府市が文化的予算を用意してくれたからこのような活動ができているわけではなく、むしろこちらから市に提言するかたちで活動を展開してきました。都市運営にアートやその考え方というものを取り入れていき、市民主導型のモデルを構築しながら継続できる仕組みを考えています。行政の仕組みが変わったら継続できないようなあり方ではなく、自分たちで継続的に行える仕組みをつくる。それによって創造性溢れる活力ある市民社会の実現を目指しています。
この〈BEPPU PROJECT〉は、アートプロジェクトの実施、アーティスト・イン・レジデンスや小さな劇場の運営、アートと街の消費を繋げていく金券や地域の情報を発信していくためのフリーマガジンの発行、また書籍も多数刊行しています。別府は竹工芸が大変有名なので、そういった地域に根差したグッズをプロデュースし、販売していくショップも経営しています。現在、別府市内には文化的なスペースが多く生まれていますが、何らかの機能を持つ複合的ビルを1ヵ所に建てるのではなく、都市のなかで面的に広がっていくようなやり方を市に提案し、「プラットフォーム」と呼ばれる街中に点在する8つの施設を設けることになりました。元ストリップ劇場の劇場化やギャラリーをつくるなどしています。また、シャッター率が8割あった商店街を市民が文化的スペースとして自発的に商売の場へと変えていき、シャッター率が0%となる場所も生まれました。こういった活動に行政の資金はまったく入っていません。この「プラットフォーム」は、本来であれば2013年の3月末に終

ギャラリーやアトリエとして使用されるplatform02

商店街に開かれたplatform01は様々な用途で活用

了するはずだったのですが、4月以降もぜひ続けたいと別府市から要望があり、晴れて予算化もされることになりました。ほかの商店街にもこういった活動が広がっており、当初は3割ほどの空き店舗があった5つの商店街の内のふたつが、いまでは空き店舗ゼロとなっています。

こういった活動や拠点の運営をしていきながら、3年に一度、別府現代芸術フェスティバル「混浴温泉世界」というものを開催しています。これも市民が主体となって開催しており、国際的なアーティストにこの地域と向き合ってもらうというプロジェクトであると同時に、市民の方々も「プラットフォーム」を活用してさまざまな活動をしています。アーティストが持つクリエイティブな力と、市民1人ひとりが持つ個性的な面白さを相乗的に発表できるような場所となるように、登録参加型のかたちを取っています。これは助成事業ではないので、質や規模、内容などで審査することはありません。もちろん、我々もいくつか無料の会場を用意しますが、自分たちで会場を探してもらったりもしています。2010年に始まり、前回開催した際には、122団体、148企画と、当初よりも4倍ほど参加者が増えました。

このほかにも、この「混浴温泉世界」のイベントと連動した広域的な連携をつくっていくために、さまざまな自治体に主催者になってもらい多くのプロジェクトを展開してきました。現在はその数を増やすことを止めて毎年3つ程度のプロジェクト展開にすることで、1つひとつの作品の質を上げるようにしています。おのずと参加者数は少なくなりますが、評価指標をしっかりと持っていくことで、今後も行政にはじかれない継続的な試みをしていかなければいけないと考えています。　（文責:高木佑介）

商店街で道ゆく人や店員が突然踊り始めるダンス作品

platform04外観:築100年を越える長屋をリノベーション

platform04 1階:別府の工芸品やアート作品を扱うセレクトショップ

platform04 2階:マイケル・リンによる襖絵の作品を公開している

Kein Licht
光のないII　@新橋一帯　2012　作：エルフリーデ・イェリネク　構成・演出：高山　明

08

DISCUSSION

討議

文化を育む
都市の思想と戦略

アメリーゴ・レストゥッチ×吉見俊哉×
北山 恒×南條史生

人びとにとって魅力的で豊かな都市や社会、環境を創出し、都市のアイデンティティを育てる文化とは、いかなる思想や戦略によって拓かれるものだろうか。ヴェネツィアの文化創造を牽引し続けてきたアメリーゴ・レストゥッチ氏、世界各都市のアートの現場に精通する南條史生氏、現代の都市文化研究の第一線にあり続ける吉見俊哉氏、そして建築家・北山恒氏による討議から、これからの都市における、文化を育む思想と戦略の可能性を探る。

南條史生―それでは最後のセッションをはじめたいと思います。第一部ではヴェネツィアの街、またヴェネツィア・ビエンナーレのことを紹介し、先ほどのセッションでは、日本の地方でどのようなことが起こっているのかを紹介していただきました。現在の日本の地方は、ある意味で疲弊してきていると同時に、地方のシビックプライドに結びつくようなアート・プロジェクトがとても増えてきているように思います。横浜トリエンナーレの第一回目に私は関わったのですが、ヴェネツィア・ビエンナーレとの関わりについてもお話させていただきますと、もともと私は一九八四年から国際交流基金の職員をやっていて、その関係でヴェネツィア・ビエンナーレにはじめて行きました。それから今日に至るまで、一回を逃してすべてのヴェネツィア・ビエンナーレを見てきました。その間に「アペルト88展」という若手作家を紹介する展示のコミッショナーを担当し、九五年にはベネッセの出資で、「トランス・カルチャー」という展覧会を現地の宮殿を借りて開催しました。それから九七年に日本館のコミッショナーを務め、二〇〇五年にはヴェネツィア・ビエンナーレの金獅子賞の審査員をやりました。ヴェネツィア・ビエンナーレの重要性はどこにあるのかと言うと、それはフォーマットにあると私は思っています。世界で一番最初にオリンピック型の展覧会をつくったこと。つまり、各国が自国のアーティストを出してひとつの土俵に上げるという方式をはじめてつくったのがヴェネツィア・ビエンナーレであり、それまでそういったものはありませんでした。それがはじまってから今まで一〇〇年以上続いている。それがヴェネツィアという街のひとつのアイデンティティとなっていったことが非常に重要だと思います。ドクメンタという美術の大きな展覧会があり、これはドイツのカッセルという街で五年おきに開かれているのですが、一九五五年からはじまり、ひとりのキュレーターが二〇〇人以上のアーティストを選ぶという方法で行われています。つまり、ひとつの視点からすべてが選ばれることで、極めて強いメッセージ性が生まれている展覧会となっているのです。ヴェネツィア・ビエンナーレのやり方とドクメンタのやり方のふたつのモデルが存在していますが、その一方の最初にモデルをつくったのがヴェネツィアなのです。

レストゥッチさんの話に少し出ていましたが、ヴェネツィア・ビエンナーレを訪問している市民は一〇から一五パーセントとのことでした。それ以外だと、大半がイタリア本土から、もしくは海外からの旅行者だと思うのですが、そういった観客の構造となっているとすれば、このヴェネツィア・ビエンナーレは誰のためにやっているのかという問いが浮上してきます。そういったことをレストゥッチさんにお聞きしたいと思いますが、日本の地方の展覧会の例を聞いて、まずはどのようにお考えになりましたか。

アメリーゴ・レストゥッチ――先ほどのセッションを興味深く聞かせていただきました。これまでのやりとりを踏まえて、うまくお答えできればと思います。それぞれの街は、さまざまな企画を生み出しながら、何らかの特徴づけをこころみているように感じました。たとえば、山出さんは別府が温泉街という自らのアイデンティティの上に腰かけているというお話をしました。職人の活動を提示されましたが、それは自らのアイデンティティに腰かけ、昔と変わらない温泉の街をかためる手段です。これは純粋な伝統的活動でしょうか、それとも集客の手段でしょうか。もし何らかの集客の手段であるならば、その土地に根ざした真の戦略が必要となります。

また、「フェスティバル／トーキョー」の演劇のお話がありました。果たして街は、実質的にどのようなことを必要としているのでしょうか。演劇は都市の舞台装置を提供します。さまざまな企画とは、舞台装置を生むためのものでしょうか、それとも市民のためのものでしょうか。あるいはイベントが文化的魅力に溢れているから、人びとが惹きつけられているのでしょうか。やや自己中心的に申し上げれば、ヴェネツィアは偉大な歴史を背景に、その歴史にさらされ、街や市民は、その記憶やノスタルジーにあまりにも身を委ねすぎていると私は思います。街に生きる人びとは、自分たちが中心であるという意識を生み出せず、より何かに寄与させられてる感覚に陥っている。文化のオリンピックと呼ぶべき企画を目の当たりにしながら、外からやってきて企画を立てる人びとに寄与させられているのです。それから国際的議論も起こりますが、街は、好奇心をもってこれについていくことができません。街は、ビエンナーレのような文化を内に抱えることでシビックプライドを持ちますが、同時にこれが悪感情を芽生えさせることにもなるのです。

ヴェネツィアという魔力ある〝箱〟と〝コンテンツ〟

レストゥッチ――もう少し体系的に考察を続けましょう。演劇の企画ですが、これは街という枠組みを越えても行われます。こうした企画がヴェネツィアの外で行われた場合、それほど魅力的ではありません。移動劇に関しては、ほとんど中世にまでさかのぼるほどの伝統的演劇「カッロ・ディ・テスピ（carro di Tespi）」という、どさ回りの演劇がありますが、ヴェネト州のほとんどの地域を回り、ある程度成熟している街の人びとには受け入れられました。ヴェネツィアで何かが行われるかぎりは、優れた企画でなくとも人は集まった。私はそれを「活気を与える魔力」と呼びます。演劇の例を踏まえてわかりましたが、これらの演劇は重要ですし、文化的刺激に満ちています。しかしそれには、些細なものでも人を魅了する箱が必要なのです。企画が文化的に非常にすぐれたものであっても、それが外に運ばれたとすれば――ここ日本においても言えるかどうか定かではありませんが――人を集めるような質のよい演劇でも、魔力のある箱を必要とするのです。ヴェネツィアは、あまりにもその伝統に生きている。ですから、文化的関心に応える企画力が弱くても、人は集まるのです。

ヴェネツィアに近いフリウリという場所で地震が起きた際に、図書館がしばらくの間、使用できなかったのですが、その時「ビブリオブス（biblio-bus）」［＊biblioteca（図書館）＋bus］というバスが山ほど本を積みこんで、図書館が閉鎖されたいくつかの街に出向き、文化的メッセージを発信しました。市民がこうした出来事に触れ、身をもってこれを体験するとき、博愛主義的なメッセージが発信されます。つまり、こういったよい企画の例もありますが、歴史的に魅力的な箱もまたやはり必要であるということです。

建築の例を見てみましょう。フランク・O・ゲイリーがビルバオにグッゲンハイム美術館を建てました。この重要な建築プロジェクトが、スペインのダイナミズムからはずれた周縁の地であるビルバオを魅力的な場に変えたのです。巨大な箱が、流行を転換させ、人びとの視線を街に向けさせたのです。ですから、先ほどのシビックプライドの話に戻れば、市民が街の戦略にどういうかたちで参加するのかが重要です。先ほどみなさんがお話された街を活性化させる企画ですが、思い入れのある場所であるからこそ、そこで面白い企画をしようとしたのだと思います。文化的メッセージの輸出です。街がこうしたメッセージを受けとった分だけ、プロジェクトは深く共有されるのです。

私は、街のなかにいくつかのポイントを散らした地図の作成というものを興味深く捉えています。人びとに地図を与えて呼び寄せて、一連の場所を、宝探しのように次々に見つけさせる。たとえば、かつて「永遠の春」のお祭りが行われたのはどこかという質問を人々に投げます。それは一七〇〇年代、春先にサンタ・マルゲリータ広場で行われたお祭りのことなのですが、そこに辿り着けばご褒美が待っている。要するに、目的地に到着したものは、その場所をより深く知ることができるのです。箱が、こうした要素のすべてをどの程度受けることができるかはわかりませんが、こうした試みが、静的な街の日常の一日に生気を与えると思っています。

都市を支える新たな力としての文化

南條―今のお話にはいろいろな話題が入っておりましたが、レストゥッチさんは箱が重要なのか、それともコンテンツが重要なのかということを仰っていました。そしてそれを支えるのは誰なのか、それは非常に大きな問題で結論はなかなか出ないと思います。吉見さんはいかがでしょうか。

吉見俊哉―今日はお招きいただきありがとうございます。今日のお話は前半に陣内先生、それから樋渡さん、そしてレストゥッチ先生によるヴェネツィアのお話で、後半のセッションでは別府、東京、ニューキャッスルなど、世界各地の取り組みについてのお話だったと思います。ですから、おそらくこの最後のセッションにおける我々の使命とは、このふたつのセッションをどのように繋いで未来に向けての方向性を見定めていくのかという点にかかっていると思います。南條さんがヴェネツィアとの出会いの話をされていましたので、私にとってのヴェネツィ

南條史生氏

アとの出会いという話からさせていただきたいと思います。南條さんの三〇年間と比べれば、私のヴェネツィア体験は小さなもので、ヴェネツィアに滞在したのはわずか二週間です。先日、ヴェネツィア・カ・フォスカリ大学が福島原発事故と現代日本に関する会議を開き、私はそこでの基調講演を任されてヴェネツィアに行ってきました。まずここで面白いと思ったのは、一九七〇年代の半ばに一度ヴェネツィアに行ったことがあったのですが、その三〇年後にヴェネツィアに招かれ、一方でレストゥッチ先生が日本に招かれました。日本のことを取り上げるカンファレンスがヴェネツィアで開かれて、ヴェネツィアのことを取り上げるカンファレンスが日本で開かれる。そういったことが頻繁にあるくらいに、世界が狭くなっているということだと思いますけれども、ヴェネツィアと横浜の距離、ヴェネツィアと福島の距離、それがとても小さくなっている時代に私たちが生きているという認識をまず確認しておきたいと思います。そのうえで、まったくの素人として私がヴェネツィアに行ったときに感じたのは、本当に道に迷うということです。地図を持っていても道に何度でも迷う。何度も迷っているうちに、だんだんとそれが心地よくなってくる。おそらくそれは多くの人が実感するヴェネツィア体験ではないかと思います。ヴェネツィアの価値というのは、ある種のわかりにくさであり、まさに迷路のようなところにあります。普通に考えれば、広い道があればその先にも広い道が続いていると思うのですが、その道がだんだん狭くなって最後に終わってしまう。一方で、狭い道を進んで行けば行くほど、どんどん続いている。つまり、都市に対する我々の自明性を崩されてしまうのです。その自明性を崩されることが、とても演劇的だと思います。こういった魅力やドラマトゥルギーのような演劇性をヴェネツィアが本質的・空間的に持っている。これが一九世紀になって、ツーリストという外からの目が入り、ある種のビエンナーレや祝祭といったものが起こってくるときに、ヴェネツィアの空間の力が近代のツーリズムと結びつくわけですが、それはこの都市のわかりにくさ、あるいは都市が持っている迷路性というものの力として発揮されてきたのだと思います。

レストゥッチ先生は、ヴェネツィア・ビエンナーレのあり方が変わっていった各期についてお話されていました。ヴェネツィア・ビエンナーレがはじまったのが一八九五年。そして一九一四年に最初のリデザインが施され、一九三二年にまた改良されて、一九六八年にもスカルパが行ったリデザインがあった。これを日本のこの種の展覧会と比較してみたいと思いますが、このそれぞれの時代に日本でも重要な展覧会が開かれていました。一八九五年というのは明治二八年で、この年に京都の平安神宮で第四回内国勧業博覧会が開かれています。この博覧会は明治時代のナショナルな最大のエキシビションでした。一九一四年は、東京大正博覧会が上野一帯で開かれたのと同じ年です。大体このころに、多くの博覧会が日本で開かれていて、一九〇七年には東京勧業博覧会、一九二二年には平和記念東京博覧会という非常に大きな博覧会がいずれも上野で開かれています。一九三〇年代を過ぎると、一九四〇年に有名な紀元二六〇〇年記念日本万国博覧会という大きなナショナル・エキシビションが晴海と横浜で開かれようとしました。そして一九六八年には言うまでもなく、二年後となりますが一九七〇年の大阪万博があります。ヴェネツィアの歴史と日本の展覧会の歴史を比べてみると、あることに気がつきます。

そもそも一八九五年にヴェネツィア・ビエンナーレがはじまった時期というのは、ヨーロッパでも日本でも博覧会の時代でした。そういった世界的な流れのなかで､ヴェネツィアではアートの展覧会がはじまったのだと思います。そして日本でもそのような動きがあった。ところが一九三〇年代以降の歴史を見てみると、それまで京都や東京で開かれていた展覧会が、たとえば晴海や横浜の紀元二六〇〇年の博覧会や、一九七〇年の大阪万博などのように、都市の博覧会というよりも、日本国家によるナショナルな万博になっていくのです。つまり日本の場合、都市の博覧会が、国家によるナショナルな権力装置に変わっていったように思えます。しかしヴェネツィアの場合、あくまでもヴェネツィアという街のなかに留まり続けることで、一〇〇年の歴史がある価値を生んでいったのだと思います。なぜそういうことが可能になったのでしょうか。もちろん都市の魅力、場所の力という理由もあります。しかし、歴史や時代のほうから考えてみると、私の深読みかもしれませんが、ヴェネツィア・ビエンナーレがはじまった一九世紀末から、とりわけ二〇世紀初頭までの時期は、ヨーロッパは力が衰えていく時代です。第一次世界大戦があり、その後ヨーロッパが没落していく話がシュペングラーによって書かれているように、産業的、軍事的な力はアメリカに中心が移っていきます。そういった力が衰えていく時代に、ヨーロッパではむしろ文化と都市が新たな力として浮上してきた。一方、ヴェネツィア・ビエンナーレが開かれた一八九五年は、日本では日清戦争の年です。つまり、まさにその年から日本が帝国主義によってアジアに進出していき、東アジアの帝国になっていく。そういった、国家が中心となっていく時期に、日本には先ほど申し上げたような博覧会の歴史がある。しかし、今の二一世紀初頭の日本を考えてみると、良くも悪くも日本の力は落ちています。つまり、日本の産業や経済の力が拡大していくのではない時期に、文化と都市と産業の関係をどう考えるのかということがとても重要で、その文脈のなかで、ヴェネツィアから学ぶことがいろいろあるのではないかと、まず問題提起としてお話させていただきます。

南條―先ほど私は日本の地方でアートイベントが増えていると言いましたが、たしかに、それはある意味で日本の地方の経済的な凋落とも関係があると思います。それから、日本の政府は、外務省ではパブリック・ディプロマシーと言い、経産省ではクール・ジャパンやクリエイティブ産業と言い、文化庁などではソフト・パワーという言葉を使っていますが、結局どれも同じ方向性を示しています。つまり、今までは大量生産で安くいい製品をつくってきた経済大国日本が、その力を失いつつあるときに何をするべきかという方向性です。そしてその何かは文化しかないという結論は出てきている気がするんです。その割には文化予算がまったく増えないという日本の文化に対する無理解があるわけですが、レストゥッチさんのお話では、ヴェネツィア・ビエンナーレはヴェネツィアのなかで全面的に支持されているわけでもないとありました。つまり、多少なりとも人が入るイベントのほうが比較的優位にある状況ということですか。

レストゥッチ―どれも適切な考察だと思います。みなさんの多くは、ヴェネツィアのそれぞれの部門［＊映画、美術、建築などビエンナーレの各部門］の各シーンをひととおり経験されました。また、南條さんは金獅子賞の審査員としても参加なさっています。つまり、みなさんはビエンナーレの文化的成果を分かち合っており、そのことである特徴づけがなされていると言えます。たくさんの人びとが、そのひとつの場所に結集させられます。ヴェネツィアという街だけでは問いかけは可能でなく、より新しく現代的な方法で問いかけを行う必要があります。文化的都市であるためには、ひとつの物語で十分でしょう。街はイベントとしてのビエンナーレと共に生きるのです。しかし、そのヴェネツィア内部で、すべての革新的提案が理解されているとは言えません。おそらく外からの人びと、今ここにいる人びとの方が、より私の視点を理解し、ヴェネツィアを訪れて、貢献してくださっている。課題は、ヴェネツィアを歴史に依存する場所にするのではなく、さまざまなところからやってくる思考のるつぼ、その実験室にすることだと思います。新たな出会いの場とし、そしてこの出会いの場をそれぞれの拠点、もとの場所に還元していくこと。それは、国際的文化のためにも必要ではないでしょうか。それぞれの経歴をもつ芸術家、批評家、重要な人たちが、この街に辿り着いて、いろいろな選択決定に参加し、その選択はヴェネツィアから運び出される。しかもビエンナーレというタグ付きで。つまり私たちは、ヴェネツィア・ビエンナーレをつくり上げる構造そのものなのです。その出発拠点が加わっていけば、提案にさらなる刺激を与える要素となりうるのです。もちろん、それはヴェネツィアの提案のみならず、国際的提案となりうるのではないでしょうか。

新しい問いをつくる／ビエンナーレの役割と機能

北山—吉見さんの歴史的パースペクティブのお話を聞き、そしてレストゥッチさんの今のお話を聞いて思ったのは、二〇世紀の一〇〇年間でつくってきた私たちのシステムが、おそらく現在変わりつつあるということです。日本が衰退しているというよりは、資本主義という概念そのものが変わりつつあって、そのような欲望の原理やかぎりなく成長することの意味をもはや必要としなくなっているような気がします。そのなかで、異なる価値観が生まれつつあるということが、地方都市における文化的試みに繋がっているのだと思います。公共という概念を見直す時期と言うか、与えられてきた公共と私たちがつくる公共、公的なものを疑ってみる視線、そしてそれを新しく再現しようとするような行為を試みる段階に入っているのです。ヴェネツィア・ビエンナーレは一〇〇年続いてきましたが、おそらくそろそろ賞味期限が切れつつある。それは万国博というものに意味がなくなってきて、メディアの変換のなかでいろいろなポジションが変わってきているからだと思います。だからこそ、ヴェネツィア・ビエンナーレには絶えずコミッティがあって、そこで戦略的に自分たちのポジションをつくっているような気がします。次のレム・コールハースの展覧会のように、ビエンナーレを万国博ではなくして、国ごとのテーマはもうつくらなくてもいいから、とにかくレムのテーマでやってみるという戦略もひとつのポジションの取り方です。しかも、それによって歴史を総括するということをはじめています。それはレムがやっているというよりは、実はレストゥッチさんたちが仕掛けているのではないでしょうか。そういった見えない魔法の部分を聞いてみたいです。もうひとつは、ヴェネツィアにはいい箱があるから、コンテンツがボロでもなんとかなるというお話がありました。逆に言うと、日本の地方都市は箱がボロボロなので、そこに新しいコンテンツをぶち込まなくてはいけないという違いがあります。またヴェネツィア・ビエンナーレは、おそらくものを見せる展覧会ではなくなって、問いをつくっている展覧会になっていると感じます。世界に向けて新しい問いをつくっているような感覚はおありなのでしょうか。

レストゥッチ｜ヴェネツィアが歴史に身を委ねていると話しましたが、これは我々すべてに対する提言でした。必ずしも素晴らしくないアイデアを箱がプロテクトするということはあります。たとえば最新のカッセルのヴィジュアル・アートの展覧会では、ヴェネツィアで展示されていたものより内容がよかったのではないか、という批評がありました。創造性ある偉大な歴史的な箱の出番で、ヴェネツィアは救われているわけです。もし、愛すべきこの街にまだ何らかの役割を与えようとするならば、〝貢献すること〟こそが、対峙すべき課題だと思います。率直に言って、ヴェネツィアはすべての人間に愛される街と言ってもいいでしょう。私もヴェネツィアに住み、この街を愛しています。ポジティヴな方向へ前進するため

吉見俊哉氏

にも、展覧会がある時には、最良のパフォーマンスを行うよう貢献しなければなりません。何か批判すべき共通の問題点を見出した時には、我々の出発点である箱にいったん戻り、そこから改良すべき点を模索する。こうして、街における箱は改良され、それが最大の貢献となるのです。ヴェネツィアの歴史的箱にはやはり魔力的な役割があります。

そうした箱を持たない街は、コンテンツを充実させ、それで運営を行い、街を発展させていく必要があります。先ほど、ビルバオの例を挙げました。この都市は、中規模の産業都市で、これといった歴史的背景を持っていない。ここで箱の重要性をもたせようという話が進んだ時、フランク・O・ゲイリーの名前が挙がり、美術館の周囲を覆う外観には、現代的な建材が使用されました。「パルマスティーリザ（Permasteelisa）」という会社の建材なのですが、日本の建築で使用される建材とよく似たものです。こうして、これといって目立たない地方都市が人を惹きつける場になるのです。箱から出発して、国際的に重要な場所となりました。ここを訪れる人びとの六〇パーセントが、スペイン以外のさまざまな国籍をもっている人びとです。

ヴェネツィアの展覧会での反省も踏まえながら考えると、よりよい貢献を行えば、それは力を尽くした人びとのもとに戻ります。つまりそれぞれの国の審査員らは自国に戻り、自分はヴェネツィア・ビエンナーレの審査員を務めたのだと誇ることができる。このアイデアなのです。遠くにある箱を見てみましょう。ヴェネツィアという街での対話の後に、いかにそれぞれの国に企画を運び戻すことができるかが重要となっていきます。

ヴェネツィアが長い歴史に依存しないことを、他の例を見ながらご説明しましょう。一九三〇年代、世界ではじめて映画祭がつくられました。今や映画祭は各地にありますが、ヴェネツィアは映画界に最大の提案を行ったのです。ベルリン映画祭、モントリオール映画祭、カンヌ映画祭。ヴェネツィアがこれほどの文化的提案によって刺激を与えられた例はありません。ヴェネツィアを愛する人びと、みなさんのようにビエンナーレに参加する人びとを、私はよく理解しています。街にさらなる貢献をしていきましょう。ヴェネツィアは、厳粛にその頭上に聖人の輪を掲げていますが、より改良せねばなりません。この聖人の輪を取り去って、現実に目を向ける。これはまた国際的議論でもあります。

南條—北山さんの質問のなかにはもうひとつ、レム・コールハースが新しいことをしようとしたときに、コミッティの役割があったのかというものがありました。それはいかがでしょうか。

レストゥッチ—ビエンナーレがどのように機能しているのか考えてみたいと思います。一九九〇年まではボードメンバーが一九人いたのですが、それだとうまく働かないということで、構造改革されて現在は五人のみとなっています。予算管理の行政部門もありますが、このボードメンバーは、それぞれの分野のキュレーターを選択します。アート、建築、映画、演劇、ダンス、音楽。つまり、文化的な選択をする。キュレーターに対しては、国際的議論を受けて、それを各ビエンナーレに反映させるように依頼します。このキュレーターの選択自体が国際的議論となりますが、妹島さんは、伝統的傾向を断ち切って、新しい活力をもたらしてくれました。レム・コールハースも、同様の考察をしていると予想しています。二〇一四年の展覧会で、彼は一〇〇年の建築史というものが、どのように今の時代まで進化してきたのかという新しいテーマを投げたのです。キュレーターを選ぶボードに対して、ヴェネツィアが要求するのは、この歴史にまどろむ街への新たな貢献です。街で行われる企画として、先ほど、一〇のスタジオ（スタジオ＝仕事場、勉強空間）をアカデミア美術学校の学生に、一〇のスタジオを若い建築大学の卒業生に用意し、ここで向き合ってワークショップを行わせているという話をしたのは偶然ではありません。それもヴェネツィアという実験室での活動のひとつだからです。その人たちが、自国に戻り、ビエンナーレで検討されたさまざまなテーマを持ち帰り、さらに議論を進化させることもできます。このようなヴェネツィアの動きは、こうして、改めて〝批評〟というかたちでの貢献を受けることができるのです。

カッセルの最新の展覧会ですが、内容は文化的にも、最新のヴェネツィア・ビエンナーレよりも面白かったのではないかと思います。しかしそのことに、街はしっかり気がついていないかもしれません。イタリアでの議論が、展覧会における中心的立場を守ろうと閉ざされていたということもあります。しかし、今こそそうした思い上がった主人公主義を反省して、現実的に新しい貢献をもたらす必要があるのです。一八九五年に、ヴェネツィアは世界初の展覧会を開催しました。さらに映画祭の最初の開催は一九三〇年代です。もちろん他にもたくさんありますが、歴史に依存して生きてはいけません。今こそ新しい国際文化に参加する時です。

文化を育む土壌／人を耕す文化

南條―カッセルは本当につまらない街で、ドクメンタがなければ誰も行かないような、ヴェネツィアとは対極にある都市なんですね。でも、それを見ておかないとまずいと言われるくらいの世界最大の美術の展覧会になっています。どちらにせよ、それは誰のためにやっているのかという問題がつねにあると思います。日本の今の地方都市でやっている文化イベントは、やはりその地域のためという目的があるわけです。それは行政的な意味合いもありますし、もうひとつは市民が楽しむためのものでもあります。国際的になればなるほど、誰のためにやっているのか曖昧になってくる傾向はあると思います。

吉見―山出さんたちによるセッションについて言及させていただきますと、いくつか重要なポイントをそこから提起することができると思います。ひとつ目は島としての都市について。ふたつ目は産業の問題。そして三つ目は文化の問題です。山出さんは、別府はお湯の上に浮かんでいる都市という話をされていましたが、もうひとつ別府にとって重要だと私が思うのは、瀬戸内海との関係です。別府の発展史においては、みんな船をつかって別府まで行っていた。つまり、瀬戸内海航路というものが非常に発達していて、別府もある種の島として瀬戸内海の島々をつなぐ航路ネットワークのうちのひとつであったのです。船がいろいろな島を繋いでネットワークをつくり、いろいろな地域をつくっていったという歴史がある。そしてそれは瀬戸内海から東シナ海やインドネシアぐらいまでひろがるわけです。つまり、東アジアのなかには、日本に七〇〇〇、フィリピンに七、八〇〇〇、それからインドネシアに一七、一八〇〇〇の島々があります。島というのは、一つひとつの多様な世界をつくっていて、今日のお話を聞いて思ったのは、ヴェネツィアは島の集合体だということです。ヴェネツィア自体が島ですが、しかしヴェネツィアの形成過程も一つひとつが島であり、島の多様性を残したかたちである文化の場をつくってきた。おそらく、文化の問題を考えるときに、大陸モデルや島モデルと言うと非常に乱暴なのですが、しかし大量生産、大量消費がひとつの価値として全域的に浸透するという状況が逃れ難いものとして今あるのは事実です。その状況のなかで多様性について考えていくと、ある種の島々のネットワークをどのように組織するのかということはとても重要だと思います。とりわけアジアは島によって構成されており、この島々による価値ある創造をどのように考えるのかが大きな問題としてあります。またニューキャッスルや愛知といった産業都市で、ヴェネツィアの造船業のように産業の形態が変わっていくときに、愛知の炭鉱や工場跡地といった空間の再利用や再活用の問題をどうするのかということは、新しい価値をどう生んでいくのかという問題に繋がっていくと思います。ですので、アートだけに閉じたイベントではなく、産業の問題との関係が決定的に重要です。一方で伊藤香織さんは、ピクニックは政治的なプロパガンダでもあると仰っていました。そもそもピクニックが出てくるのは、産業社会の発展と同時に出てくるのであって、これは市民たちが集まって、ある種の政治的なプロパガンダをするフラッシュモブと同じく、そういった時代の次の段階をどう考えるのかということなのだと思います。市民社会の発展や産業社会の発達した時期にピクニックやデモが発達したわけですが、しかし二一世紀になって産業などのシステムが変わっていく時代に、ポスト・ピクニックやポスト・フラッシュモブ、ポスト・ビエンナーレのようなものを、文化的・創造的な場所としてどう考えられるのかということが問いなのだと思います。

最後に、誰が文化の主体なのかということを話したいのですが、僕は日本語の「文化」という言葉は誤訳だと思うんですね。文化のもとである「カルチャー」という言葉は、アグリカルチャーと同じ語源である、カルティベイト（＝耕す）という意味が根本にあります。アグリカルチャーが土地を耕すのだとすれば、「カルチャー」は人を耕す、あるいはいろいろな地域を耕すというような意味を本質的に持っているのだと思います。しかし、日本語の「文化」という言葉には、その意味合いが抜けてしまっていて、すでにできあがっているものが文化財であったり、それから何か教えてもらうことが文化であったりするわけですが、一番大切なのは、やはり育むとか耕すというような生成のプロセスだと思います。その基盤をどのようにつくっていくのか。日本の近代は西洋から輸入し、西洋の価値に従って何かをつくってきたところがありました。とはいえ、国内の価値ではナショナルなものに偏ってきたわけでもありましたから、そういうものではない耕す基盤をどのようにつくっていくのか。それは大学でもいいし、美術館や図書館でもいい。何かを蓄積し再活用して耕していくような仕組みを、地域のなか、あるいはデジタル上でもいいから、どうやってつくっていくのかということが問いとしてあります。

北山――シビックプライドのお話を聞いたとき、単なる郷土愛だとナイーブな話になってしまうと思っていたのですが、吉見さんのお話では、それはもともとは都市空間を占拠する、公的な空間を私的なもので占拠するという行為であるということでした。それは現在でもすごく大事なことだと思います。それと、相馬さんが言っていたように、都市をあえてフレームで切断してしまうような試みも、政治性がなければ非常にナイーブな話だと思います。もうひとつ、レストゥッチさんが仰っていたコンテンツとコンテナー（箱）の話がずっと気になっていて、ヴェネツィア・ビエンナーレはコンテナーのよさがまずあり、それをキープできている。しかし、日本の地方都市で行っているアートイベントは、逆に言うとコンテナーが不備な状態でどのようなコンテンツをつくるのかという想像力が要求されている。ひょっとすると、コンテンツのほうがコンテナーを変えたり変換したりしてしまうような、そういう行為を日本はしているのではないでしょうか。ヴェネツィア・ビエンナーレという箱に依存したものとは違うアクティビティが現在行われていて、それは権力機構が用意するものではなく、もっと自発的な都市の読み取りや公共空間の使い方を変えていくようなことを日本ではじめているのかなと思います。それが世界的なアクティビティなのか、それとも日本におけるような、アートイベント自体が変わってくるようなものなのか。南條さんは誰のためにやるのかという質問を最初にされましたが、それは何かをやることによって、コンテナー自体を変えていくことなのではないかと思います。そこがヴェネツィア・ビエンナーレとは少し違うのではないかと思います。横浜トリエンナーレはヴェネツィア・ビエンナーレの真似をしているかぎり、本当に誰のためでもないものをやっていることになってしまうので、ひょっとするとトリエンナーレを解体して、コンテナーを変える、我々の街をどう変えるのかというアクションをしていけば、新しい展開があるように感じました。

南條—たしかに、我々はつねに選択肢の前に立たされている気がします。ヴェネツィアはやはり石の街ですが、日本の街は古ければ古いほど木でできているわけで、それは非常にフラジャイルなので残っているものも少ない。画をかけようとしても壁がないというようなジレンマがあるのですが、だからこそ別府などは本当によくやっていると思います。古い家屋で展示をしているのを見ましたが、畳の上に平面作品を置いているわけです。壁がないから、大きな画を掛けることができない。畳をうまく使い、全体を作品にしてしまうような試みをしていました。そのように、欧米型の古い建物を使うモデルと日本はまったく違うわけで、使い方を相当工夫しないといけない。それはうまくいけば、日本の大変ユニークな価値になると思います。越後妻有のトリエンナーレである大地の芸術祭なども、農村の畑に突然現代美術が現れるやり方をしていて、これで本当に続くのかと思ったら、ちゃんと続いていますからね。おそらく欧米では見られないタイプの展覧会になっていると思います。逆にそこが強みになりつつあるのかもしれません。ですから、今ここで何をするのかという問題に対して、回答はすべて違うのだろうと思います。今までになかった回答を出していくということが、ある種のクリエイティビティであると考えることができると思います。ただ気になるのは、ヴェネツィアもそうですが、アートにかぎらずものすごく多くのイベントが行われていることです。横浜もそうですし、私が関わっている六本木アートナイトというイベントもそうですが、この祝祭都市とはいったい何なんだろうと思います。都市がすでに解体している時代に、この

北山 恒氏

祝祭都市は今後どうなっていくのかが大きな問いとしてあります。これから二〇年後には、世界の人口の六〇パーセント以上が都市部に住んでいる状態になるそうですが、二〇年といえばすぐ先の話です。六〇パーセントが都市に住んでいるとすれば、その都市がどうなっているのかということは大問題となります。そこのライフスタイルはどうなっているのか、どのように人が暮らしているのか、スラムになっているのか、極めて居心地のいい街になっているのか。そういった問題と、今回のシンポジウムで提起された問題は繫がってくる気がしますね。

都市の記憶とシビックプライド

吉見—祝祭都市という話でヴェネツィアに学ぶべき点は、記憶や歴史を消さないということです。日本の都市、そして日本のさまざまなイベントに課題が残されていることがあるとすれば、それは記憶の問題だと思います。記憶や歴史を消去するのではなく、それらを浮かび上がらせる回路を都市のなかにどのように埋め込んでいくのか。その課題はとても大きい。江戸時代まで遡れと言っているわけではありませんが、日本の社会は、ある意味で近代というものをものすごく深く経験してきてしまったのだと思います。それは、明治の文明開化からはじまって、昨今の原発事故まで、いろいろなかたちで経験していることです。なので、その問題と切れたかたちで文化イベントがあってはならないと思います。先ほどの相馬さんのお話にあったように、私たちが経験している過去、あるいは記憶から消えてしまっているかもしれない過去を、もう一度繫ぎとめて記憶化する作業が必要なのです。記憶の公共性のような話になってきますが、それが祝祭都市において無為なものとして終わるのか、それとも何か新しい可能性を生み出すものなのかどうか。

レストゥッチ—今行われている議論は、私が一番はじめにお話したことにも繫がってきている気がします。ここで我々がこころみているのは、共通の戦略を見つけ出すことです。多数の島の話が出ました。ヴェネツィアは、無数の島々がグループ化してひとつのコンテクストをつくっていますが、島々は単に橋で結ばれているだけでなく、文化的、政治的戦略により結ばれ、ひとつの場としての「島」を構成しています。それでは、一体島とはどのことでしょうか。それは世界中にある島のことです。ですから、その文化的イベントを共有すれば、集団的選択に参加しているという意識が持てるのです。こうして、一つひとつの島々が前進していく方法を改善できるでしょう。

相馬さん、伊藤さんのお話であったと思いますが、質問の答えとなる大事なことをふたつ仰いました。「質のよい演劇をする」「改革に参加してもらうべく、また市民をシビックプライドの中心に置くための貢献を行う」。ビエンナーレの演劇は、フェニーチェ劇場やマリブラン劇場などの伝統的な公共劇場で行っていましたが、ある時から劇場という「場所」から「街のなか」へ飛び出しました。広場などで劇が上演されることになり、それはその後、ヴェネツィアを飛び出し、ヴェネト州でもはじまりました。ビエンナーレの演劇が、パドヴァやトレヴィーゾ、山のなかや小さな田舎町でも見られることで、そこの人びとは改革に参加している意識を持つのです。こうして、演劇部門は全体的に改良されたのです。相馬さんがお話された、演劇活動を別のコンテクストに運ぶという移動式劇場のようなものです。

こうした活動が、市民生活を向上させ、提案の質を向上させることに繋がります。市民にシビックプライドを感じてもらうと同時に、街のなかにおいてこの場を運営する者に対しても、これを運営しようという欲求から抜け出させる必要があります。また彼らに、市民がどのように「選択」に参加するのかを見届けさせる必要があるのです。廃棄物処理に関する情報や、建築の歴史、コンテクストとの関係を損なわせないよう、修復の際に使うべき色の指示とともに空間利用に関する情報を載せたブックレットを市民に渡し、意見を聞くという企画がありました。そこには建物の大きさやその利用に関する区別を遵守させるための都市計画のルールといった情報も含められており、このような質問が書かれています。「商業活動とともに、隣の家の住人とどのように人間関係を改善したいですか」。日本のみなさんの状況を把握しているわけではありませんが、答えは大体同じようなものでしょう。あちこちでショッピングセンターがつくられ

——ヴェネツィア郊外には、橋を渡ってすぐに「オーシャン」をはじめ、五つのショッピングセンターがあります

――周辺住民のみならず、多くのヴェネツィア市民が取り込まれています。こうして小さな店が、つまり隣の家で営まれている活動が、次々に消えるわけです。先ほどのノートを渡した後、市民の答えは「若者たち、年配の人びと、市民だけでなく観光客も顔を出すようなお店が開いてほしい」でした。この店こそ、社会の交わる場所なのです。このノートにより、市民には選択決定に参加しているというシビックプライドが芽生えたのです。このノートは、街に住むすべての人びとに無料で配布されました。

島の話に戻ります。島とは、おとぎ話ではなくひとつの世界なのです。もし、私たちが島に接着剤をつけることができるなら、ヴェネツィアにおける文化活動をより向上させ、またそれ以外の場所での文化活動を改善する手段となるのです。文化が重要なのです。

一五世紀のフィレンツェの話ですが、街には商業活動しか存在しないことに気づいた統治者、ロレンツォ豪華王（豪華王＝イル・マニーフィコ）と呼ばれたロレンツォ・デ・メディチが、文化的政策を打ち出しました。若者を育成する場所を建設したり、助成金を出し、芸術家を支援し、街への貢献の新たな策を見出し、あるいは芸術家や画家を建築家や彫刻家と対話させたりしました。ある建物に、ブルネレスキは、教育を受けられない若者たちのために学校をつくりました。そこでドナテッロはふたつの彫刻を制作し、ルカ・デッラ・ロッビアはいかに彫刻が宗教的貢献を行うか語りました。ロレンツォは、さすが「イル・マニーフィコ」と呼ばれただけあり、文化こそが街の社会性を洗練させるのだと説明したのです。

伊藤香織さんから紹介のあった「シビックプライド」（一三八ページ）という課題ですが、どういった企画が重要であるのか見てみましょう。ヴェネツィアが劇場という閉じた場所を飛び出したとき、一般市民は最初はこのイベントを好奇の目で眺め、まだまだ改善の余地があると話します。そのうち、外からやってきた観光客でない方や、知的な訪問者などは、その活動の質について調べます。問題は、両者を結びつけることとです。活動を生むことが提案の質となります。先ほどのセッションでは各分野でのお話がありました。演劇や都市を知る企画、街のなかでのピクニック。これらは、もはやこれからの三千年紀は歴史に依存する時代ではないことを示す手段です。歴史とは、未来の主人公たちへと広がっていくものなのです。

南條―やはり、大きなイベントをやっているときに、外部から来る人たち、つまりインバウンドのツーリズムも相当重要になってくると思います。文化を経済的な視点から見ると、要するに作品を外に売るか、もしくは内側に置いて外から見に来てもらうかのどちらかです。そうすると、とくに今の日本にとってはインバウンドのツーリズムが重要になってくる。日本はそれに力を入れると言っていますが、やはり文化というものはコンテンツだという意識をもっと強く持ったほうがいいように思いますね。

質疑応答

質問者1―今日は貴重なお話をありがとうございました。ちょうど今日、東急東横線と東京メトロ副都心線が直通化され、都市がどんどん繋がっていく時代を迎えていることを感じました。第一部でのお話で、ヴェネツィアという都市がいかにそれまでの都市の環境を戦略的にうまく利用してきたのかという件がありましたが、一方で、我々は渋谷のターミナル駅を失い、桜木町のターミナル駅を失い、都市にあるここにしかない場所や環境を失いつつあるように思います。すべてが繋がり、スムーズに動けるようになるということは、ある意味で魅力的な都市ができていると言えると思います。しかし、一つひとつの場所の固有性や歴史性を失いつつあります。横浜の経験で言えば、三〇年前に横浜を経験した人と現在の横浜を経験した人では、まったく違う記憶が育まれるということになると思います。そういった状況で、本当に個別の都市の記憶を繋ぎとめるような文化が生まれていくのかどうか、今日電車に乗ってきて個人的には疑問に思いました。物理的な都市環境と、そこで起こすコンテンツをどういうイニシアティブで考えていくのかということは、ヴェネツィアでは長い議論があった末、何をどう使うのか決めているとのことでした。その場所で、その場所が持っていた場所性を大事にするのか、あるいは新しいコンテンツを重視するのか。その都市が育んでいる物理的環境が蓄積されていくことと、新しいコンテンツに書き変えていくことについて、みなさんがどのように思っているのかお聞きしたいと思います。

北山―おそらく急激に記憶が消されて、新しく書き変えられていくことが、ここ数十年の間に行われてきたのだと思います。日本に住んでいる僕たちは、非常に特異な時代を経験してしまったのではないか。おそらく江戸時代であれば、都市は三〇〇年くらい同じような状態だったかもしれない。しかし、近代という時代は書き替えの時代であり、さらにネットワークで繋いで場所性を消していくということが現在でも行われている。そのエンジンは実際には止まっているんだけれども、まだ慣性によって動き続けているような感覚が僕にはあります。吉見さんが記憶をどう繋いでいくのかと話されましたが、便利にするよりも不便にするというような、価値観を少し変えていくことが大事だと私個人は思っています。

吉見―私自身は、繋がっていくこと自体はポジティブに捉えています。つまり、いろいろなものが国境や境界線を越えて繋がっていくことは、異質な島と島が繋がるということだからです。島と島が繋がっていくことによって、何かが生まれてくる可能性が基本的にはあるのだと思います。しかし、そこでは速度の問題が重要になってきます。ヴェネツィアの魅力は船に乗るか歩くしかないというところで、自動車も馬車もあの島のなかにはないわけですよね。つまり島の時間とは歩くことや船で移動するスピードによって条件付けられている。だからこそ、ヴェネツィアのある種のドラマトゥルギーを実現しているように思えます。それが近代になって、電車や飛行機が登場し、私たちは歩かなくなっています。とすると、我々は歩く時間を忘れている、あるいは船の時間を忘れている。では今のネットワーク化された世界のなかで、そうではない別の時間をどのようにそこに埋め込んで行くことができるのか。都市のなかに歩行者天国をつくろうと言っているわけではなくて、空間戦略として、都市における時間と速度の問題はとても大きいと思います。

レストゥッチ―最終的な結論となるかわかりませんが、とにかくふたつの考察をお話しします。ひとつは、ヴェネツィアは外から来る人びとによる企画によって助けられていること。もうひとつは、歴史とだけ対話するのをや

アメリーゴ・レストゥッチ氏

め、その歴史を新しいものに変えていくということです。数々の選択が共有されるビエンナーレというコンテクストにおいて、伝統的に六部門それぞれにひとつの路線が推進されたことはもっともです。つまり、アート、映画、建築などです。五部門は、国際的キュレーターによりオーガナイズされます。これは明白に、歴史を新しくつくり変えて貢献していきたいという思惑からです。かつては、いわばイタリア人のネイティヴのキュレーターとの結びつきが強かった。街が動いている第一のメッセージです。そうでなければ、街が絵画的要素でのみ、評価されてしまうのです。忘れもしません、ラスヴェガスはゴンドラなどを用意し、サン・マルコ広場を建設し、ヴェネツィアの街を模倣しました。偽物の歴史です。私はラスヴェガスに行きましたが、驚愕し、嫌悪感を覚えました。ヴェネツィアという街をまったく理解されていませんでした。ヴェネツィアは無数の要素で構成され、好奇心をもって辿り着く者はここを歩くのです。〝街を歩く〟というメタファーはとても面白いですね。歩く者は、多様な街へのアプローチを目にします。ヴェネツィアに住む人びとは、とにかく早く目的地に到着するために、不必要な停留所を通り過ぎるヴァポレットに乗り、仕事や娯楽の目的地を目指します。ヴェネツィアに辿り着く者は迷宮を発見し、人びとは〝場の持つ知識、情報〟を歩くのです。箱である街が彼らに活力を与えれば、外から辿り着いた人びとからの貢献も大きいのです。

ビエンナーレの予算を考えてみましょう。街という箱が文化的に優れた提案で満たされうることは、そこに住む人びとより、外から来る人びとの方がよく知っています。こうした活動は予算により支えられていますが、その五〇パーセントは好奇心のある来場者たちからの入場料で構成され、ヴェネツィア人の入場者はわずか五パーセントです。みなさんは歴史からより大切な要素を得ており、好奇心をもっているわけです。

先ほどのセッションで、私が見出したことは偶然ではありません。それぞれの分野で改革がなされているのです。演劇が劇場を飛び出し外を回ることや、参加することで得られるシビックプライドなど。いわば「草上の昼食（Le Déjeuner sur l'herbe）」です［＊マネの作品タイトル。ヴェネツィア派の画家ティツィアーノの「田園の合奏」にインスピレーションを受け、これを当時の様式にアレンジして描き直した絵。おそらくヴェネツィアの歴史からインスピレーションを得て新しいものを生み出す、新しい街の読み方の例]。私たちはみな、街を新しい方法で読み解こうという動きに参加しています。これがチャンスとなる鍵です。私ですら、まずはシビックプライドが必要です。私にも、舞台セットになりたくないという誇りはあります。そうでなければあまりにも容易でしょう。私はヴェネツィア出身ですし、歴史はもう充分です。もはや、ティツィアーノや一三世紀のアルセナーレを取り除かないままの歴史には辟易しています。新しい現代的アルセナーレがほしいですね。〝戦争〟という観点からではなく、市民との対話を可能とさせる戦略としてのアルセナーレです。

南條―たとえば個と全体の関係、つまり個々の街と新しいネットワークの関係として質問を捉えると、これはインターネットの世界とパラレルな関係にある気がします。つまり、ネットの社会はひろがり続け、網の目状に繋がっている。一方で、これまであった中間地帯のある種のマネジメントのようなものがいらなくなり、個と個が直接繋がるようになっている。中途半端な単位というものが解体されて、個と巨大な全体という関係に置き換わっているような気がします。それは地下鉄の関係と近いように感じていて、巨大なネットワークに接続されることで、中間地点が不要になるような事態が起こってきているのだと思います。そういった時代にこそ生きてくるのが文化なのではないか。これは私なりの視点です。記憶や文化が強いところは存在が残ると思う一方で、それが弱いところはなくなってもいいという話にもなるのかもしれない。今度、森美術館で「LOVE展」という展覧会をやるのですが、かつてシモーヌ・ヴェイユが「人生は愛と革命だ」のようなことを言っていたと私の記憶にはあります。なぜ「愛」と「革命」なのか、僕には一〇年近くわかりませんでした。あるとき、「愛」というのは今あるものをそのまま積極的に受け入れることであり、しかし「革命」とは今あるものを否定して、新しいものを提案することであるとふと思いました。どちらかをいつも選ばなければない、そしてそれが「人生」だとシモーヌ・ヴェイユは言っていたのかなと。私が言いたいのは、人間が生きることとは、つねに古いものを大事にしていくのか、それともそれを壊して新しい何かをつくるのかということの連続だということです。しかし、「LOVE展」をやるときにもう一度それを考えてみて、そのヴェイユの意見は間違っていると思ったんです。なぜなら「愛」というものは、今あるものを受け入れると同時に、他者も受け入れることだからです。そして、そうではないところのものになること、それが「愛」だと。これは非常にヘーゲル的なのですが、要するに、他者や異なるものを受け入れて、そして第三のものになることが「愛」の根幹であると、アラン・バディウというフランスの哲学者の本を読んで私は思いました。それは今の都市の話と同じように思えます。今まであった文化を愛しながら、ただそれを守るだけでは駄目で、これに新しい提案を加えて、次のものにしていく責任を我々は負っているのだと思います。それがクリエイティビティだと考えるべきではないでしょうか。

質問者2―今日はアートのお話が多かったと思いますが、文化というとアートだけでなく、日本だと居酒屋や銭湯いったものも文化のひとつだと言えると思います。イタリアだとサッカーやイタリア料理も文化だと思うんです。文化とは何かと考えたときに、そういった生活に密着した人と人との繋がりのことではないかと考えました。昔はそれは自然に発生していたと思いますが、最近は人と人とが繋がらなくても生活ができるようになったために、ある意味で無理矢理その文化を発生させないといけないように思えます。何によってその繋がりを生み出すのかという点が、戦略として重要なのだと思います。今の日本のいろいろな都市はアートを選択しているように思いますが、アートばかりに偏重してしまうと、没個性やフラット化になってしまうような気がします。その点はいかがでしょうか。

吉見―私が文化について語ってしまうと、今から一時間くらいかかってしまうのですが、簡単に言うと文化とは生成する価値の多様性です。それはなぜかというと、文化は生活と密着していることは仰る通りなのですが、でもそこですべてが文化かと言えば、必ずしもそうではないのです。では生活のなかで何が文化なのかというと、そもそも文化＝カルチャーの出発点は、文明に対する対抗概念だということに関係があります。文化という言葉が生まれてきたのはドイツであり、それはフランスのナポレオン期の文明主義に対して、ドイツの文化主義というものが生まれたという背景があります。そして、そこから文化の概念がひろがっていった。だから、サブカルチャーも文化ですし、生活やスポーツも文化だろうということになりますが、でも一番大切なのは、ある種の多様性であり、一元的な価値に対して対抗性を持っていることです。しかもそれは与えられるものではなく、生成するものであり、自分たちを耕すものなのです。教育や育成といったプロセスなんですね。生産されたものが文化ではなく、生産のプロセスが文化であり、そしてそれは多様性を含んでいて、現在であれば資本主義のような一元的な価値とは違う可能性を持っているものなのです。

レストゥッチ―南條さんが最後に非常に重要なことを仰いました。シモーヌ・ヴェイユを引用してお話されたことです。過去に留まらず新しくし続けていかなくてはならない、そして刷新するには創造性が必要ということです。

フランス人のコレクター、フランソワ・ピノーは、ヴェネツィアにふたつの箱を所有しています。彼はパリにもアーティスト育成や芸術作品のための空間を持っています。私は彼に、ヴェネツィアの芸術や現代アートについて尋ねました。「あなたは提供されたふたつのヴェネツィアの建物をまるで入れ物のように上手に使っていますね。街、あなたのアーティスト、世界をより結びつけるために、ヴェネツィアを利用しましたね。あなたのアート・コレクションや財産に属するアーティストを、入れ物である街のなかに運び込むことに、どのような創造性があるでしょう」と。彼がねじれたかたちで街を利用していると思ったからです。私はヴェネツィア市民として誇りがありますので、私たちの箱が「利用される」のを感じることに疲れています。ラスヴェガスが、ヴェネツィアの絵画的要素を移行したと言われているのと同様です。

ところが、みなさんが新たな形態での創造性を与えるためにヴェネツィアにやってくることは、過去を軽視することを意味せず、過去をつかみとり、これを手中に運ぶことなのです。しばしばかたくなに過去に固執する姿勢は、有益ではありません。

最後になりますが、トスカーナ州シエナ県、ティレニア海に面した街グロッセートは、海水浴場でにぎわう観光地ですが、数年前までは、唯一の車道には二車線しかありませんでした。一〇年後に、二車線から四車線とするプロジェクトが立ち上がりました。歴史ある都市シエナのように、海沿いの都市として観光客を呼び込むためです。構想には非常に長い時間がかかりました。道沿いの、景観を損ねるわけでもない入り江に設置される二軒のガソリンスタンドについて、文化に関する問題を管理するイタリアで「文化財保護局（soprintendenza）」と呼ばれる組織が、このプロジェクトを却下しました。ガソリンスタンドやトイレなどのさまざまな点で、建築学的に質が悪く、トスカーナの歴史的価値を損なうものだというのです。私も少しこの問題に関わり、こう言いました。「変革を理解せず、過去を守り続けようとする人びとはこのプロジェクトを支持したくはないでしょう」。現代的な建築で、悪いプロジェクトではなかった。それならば、コーヒーを飲むバールやトイレには、伝統的なトスカーナの屋根瓦を使用し、ガソリンもテラコッタ製の壷に入れて販売し、店員には中世、一六世紀の衣装を着せればいいでしょう。

もちろん、これは単なる挑発ですが、つまり、過去は停滞してはならないということです。過去と対峙し、対話し、部分的にこれを残しながら変革していく必要があるのです。南條さんがお話された原則、創造性の問題です。これは、今日という日にもまさに、詰まっています。みなさんが創造性を運んでくださるならば、どうぞヴェネツィアにいらしてください。変革の実験をしてください。

真の文化貢献ができました。私が望むのはまさに、今日のシンポジウムで得たものをスーツケースいっぱいに詰めて運び出すことです。ありがとうございました。

南條―日本は、日本型のモデルをつくるべき時代だと思いますし、そのなかには当然、居酒屋ビエンナーレがあってもいいと私は思います。ただ、それを提案することが重要です。たしかに、今日はアートや建築、演劇の話が多かったですが、しかし我々はそれだけにかぎったつもりはありません。むしろ、こんなことをやったらどうだと提案する人たちが数多くいる社会こそが、最も文化的なのだと思っています。ですので、今日のシンポジウムを踏まえて、みなさんの一人ひとりにクリエイティブな発想を持っていただきたい。もうひとつのポイントは、文化的なことをやっていく社会を持続させていくことによって、あの街やあの国に行ってみたいと思わせるような、そんな状況を続けていくことができれば、最終的にはそれは誰のためなのかと聞かなくても、その都市にはある種のオーラのようなものが生まれていき、それがシビックプライドなどにもつながっていって、いい社会ができるのではないかなと思います。それでは本日はどうもありがとうございました。

ヴェネツィアから未来を問う

寺田真理子

創造都市界隈・馬車道での体験、横浜国立大学大学院都市イノベーション学府／研究院での新たな取り組み

横浜市は二〇〇四年から、文化芸術によって都心部を再生、活性化させようと、「クリエイティブシティ・ヨコハマ（創造都市・横浜）」を掲げ、まちづくりを行ってきた。すでに二〇〇一年には、このリーディング・プロジェクトとして「横浜トリエンナーレ」を開催している。

横浜国立大学はこの都市ヴィジョンに早くから参画し、Y-GSAは「建築都市スクール」としてスタートした二〇〇七年から二〇〇九年まで、「創造都市・横浜」の中心地である馬車道にスタジオ拠点を構え、さまざまな文化芸術のイベントを通じて地域の活性化に貢献してきた。Y-GSAが馬車道を離れ、横浜国立大学保土ヶ谷キャンパスに戻ってから二年経った二〇一一年四月には、文系と理系が融合した、「都市」を学領域とする新しい大学院「都市イノベーション学府／研究院」が設置される。そして、翌年の二〇一二年に本学の都市イノベーション研究院と横浜市、横浜市立大学、横浜芸術文化振興財団とが連携し、「都市文化創造」と「都市デザイン」を研究テーマとする「ヨコハマ創造都市（YCC）スクール」が開校されることになった。

文化都市として世界に発信するヴェネツィアに目を向ける

二〇一二年の夏、まさにヴェネツィア・ビエンナーレ国際建築展が開催されようとしていた。イギリスの建築家デヴィッド・チッパーフィールドが、テーマに〝Common Ground〟（共通する場／基盤）を掲げ、世界中の多くの人たちが注目していた。そうした問題と並走するかたちで、Y-GSAは、YCCスクールの開校を記念する国際シンポジウムを企画することになる。

あらためてヴェネツィアの歴史を振り返ってみると、中世の産業都市としての華々しい繁栄から一旦は衰退しながらも、一八九五年に第一回ヴェネツィア・ビエンナーレを開催することによって、再び世界が注目する国際文化都市として返り咲いた。それ以来、美術展から始まったビエンナーレを一〇〇年という時間をかけて、美術以外の建築、演劇、映画の分野にまで広げ、各分野のビエンナーレを育ててきた。ヴェネツィアは、「文化」という新たな都市のコンテンツを見出し、仕掛けることで国際舞台の場をつくり上げたのである。ビエンナーレの建築展では、建築の「現在・未来」を示唆するテーマが提示され、批評性をともなう展示が展開されている。

ヴェネツィアという小さな島から、なぜこれだけ大きな文化のメッセージを世界に向けて発信することができるのか。ヴェネツィアという都市のヴィジョン、文化戦略の鍵はどこにあるのだろうか。こうした問いから、それらの根底にある思想を探りたいと考えた。近代の社会システムの問題が顕在化し、さまざまな領域で見直しが要請されている日本で、都市はどのようにして豊かな社会を築くことができるのか。北山恒が序文で述べるように、ヴェネツィアには現代都市への問いや批評性があると考え、そこから学ぼうと考えたのである。

二〇一二年一一月、本書のベースとなったＹＣＣスクール・シンポジウムの方向性が決まってすぐに、私たちはヴェネツィアに飛んだ。ヴェネツィア・ビエンナーレ財団やヴェネツィアの文化事業関係者へインタビューを行うためである。この取材を通じて、ヴェネツィアでは市や自治体との協力のなか、ビエンナーレ財団をはじめとする文化財団や大学とが一丸となって、地域にも開かれたビエンナーレや文化イベントのプログラムづくりに必死に取り組んでいることを窺い知ることができた。

そして、ヴェネツィア・ビエンナーレのボードメンバーであり、アカデミーの立場から積極的にヴェネツィア市の活性化や文化の育成に関わるヴェネツィア建築大学の学長アメリーゴ・レストゥッチ氏を招聘し、文化に関わる日本の専門家たちとの対話を試みた記録が本書である。

寺田真理子

世界へ問い続けるヴェネツィア

シンポジウムを通じて、ヴェネツィアは歴史との共存のなかで、つねに世界に向けて課題を投げ掛けると同時に、新しい文化の知を世界へ発信し続けていることが理解できた。さらにパネリストの吉見俊哉氏からは、『「文化」という言葉の元である『カルチャー』という言葉には、『Cultivate／人を耕す、地域を耕す』という意味がある。文化とはすでにあるものではなく、『育む』『耕す』という生成のプロセスである。その基盤をどうつくるのか」という大きな問いが投げ掛けられた。そして文化の基盤を考えるにあたり、個性をもったヴェネツィアの一つひとつの島々がネットワーク化されることで、その全体が多様性を保ちながら新しい価値を創造していく「群島モデル」の可能性が提示され、本書でも論が展開されている。

二〇一四年のヴェネツィア・ビエンナーレ国際建築展では、新しい展覧会の形式が試みられている。建築の一〇〇年を振り返りながら、二〇世紀の建築のあり方を問い、新たな道筋を探ろうとするものである。その根底にみえてくる「建築や都市は誰のものであるのか」という問いは、ヴェネツィア自身に向けられた問いであり、また私たちへの問いでもあるだろう。

これからの日本の都市において、地域固有の、そこに住む人のための「生きられた」まちづくりがどのようにできるのか、私たちは真剣に考えていかなければならない。その答えを探すべく、Y-GSAは二〇一四年二月に〝Creative Neighborhoods〟というテーマを掲げたシンポジウムを開催し、本書における問いの延長線上にあるものとして、現代の都市をめぐるさらなる問い掛けを行うこととなった。

本書の出版、また本書のベースであるシンポジウムの開催にあたって、ヴェネツィアおよびイタリアの関係者の方々には多大なご協力をいただきました。この場を借りて御礼申し上げます。

［横浜国立大学大学院／建築都市スクール〝Y-GSA〟スタジオ・マネージャー］

YCCスクール・シンポジウム:都市を仕掛ける
DEVISING THE CITY Vol.1
ヴェネツィアに学ぶ都市の思想と仕掛け

概要

日時:2013年3月16日(土) 13:00-18:30
会場:ヨコハマ創造都市センター(YCC) 1Fホール
主催:YCCスクール[横浜国立大学・横浜市立大学・(公財)横浜市芸術文化振興財団・横浜市]
企画:横浜国立大学大学院建築都市スクール"Y-GSA"
特別協力:国際交流基金
後援:イタリア大使館、イタリア文化会館

開催主旨

歴史を重んじながら、「固有性」を活かした魅力ある都市づくりを、1895年に始まったアート・芸術の祭典「ビエンナーレ」をはじめとした様々な文化的仕掛けによって成功させている、21世紀の先駆的都市ヴェネツィア。歴史的な都市空間と伝統祭事から世界規模の最先端イベントまで、ヴェネツィアは既存の地域性と新たに挿入される文化、その両者が互いに活かされ、都市の魅力を増幅させ続けているといえる。今、世界中は様々な価値観の転換期に入り、社会や都市の新たな思想と戦略が求められている。

多くの都市が生きながらえるための方法を模索するなか、文化を武器に今なお活気づく都市ヴェネツィアから、都市を活かし続けるための、これからの都市のあり方、仕掛け方を探る。

Program

Part I
ヴェネツィアの都市の仕掛け

[基調講演]
「祝祭性豊かな歴史的都市空間」
陣内秀信+樋渡 彩

[特別講演]
「文化戦略を通じた都市のヴィジョン」
アメリーゴ・レストゥッチ、モデレータ:北山 恒

Part II
ヴェネツィアから日本・世界へ

[ディスカッション1]
「街に文化を仕掛ける」
山出淳也×相馬千秋×伊藤香織
モデレータ:五十嵐太郎

[ディスカッション2]
「文化を育む都市の思想と戦略」
アメリーゴ・レストゥッチ×吉見俊哉×北山 恒
モデレータ:南條史生

編者

横浜国立大学大学院／建築都市スクール "Y-GSA"

二〇〇七年より横浜国立大学大学院「都市イノベーション学府」の建築都市文化専攻に設置された、日本で初めてのスタジオ制による博士課程前期プログラム。「開かれたスタジオ教育」で建築家を養成する教育拠点として、北山 恒、小嶋一浩、西沢立衛、藤原徹平らが指導を行う。「都市・横浜」から建築・都市の課題に取り組むと同時に、それらをテーマに建築家のみならず様々な分野の国内外の専門家を招いたシンポジウムなども開催し、国際的な教育拠点をめざす。

登壇・寄稿者略歴

北山 恒｜Koh Kitayama

建築家、横浜国立大学大学院建築都市スクール"Y-GSA"校長。一九五〇年生まれ。一九七八年ワークショップ設立（共同主宰）。一九九五年architecture WORKSHOP設立主催。二〇〇一年横浜国立大学教授、二〇〇七年より同大学院Y-GSA教授。現在、横浜市都心臨海部・インナーハーバー整備構想や、横浜駅周辺地区大改造計画に参画。二〇一〇年第12回ヴェネツィア・ビエンナーレ建築展日本館コミッショナー。建築作品に《公立刈田綜合病院》（二〇〇二年、共同設計、日本建築学会作品選奨、日本建築家協会賞）、《洗足の連結住棟》（二〇〇六年、日本建築家協会賞、日本建築学会賞）、《祐天寺の連結住棟》（二〇一〇年、日本建築学会作品選奨）ほか。

吉見俊哉｜Shunya Yoshimi

社会学者、東京大学大学院情報学環教授。一九五七年生まれ。専門は社会学、都市論、メディア論、文化研究。学生時代は如月小春らと演劇活動を行う。演劇論的なアプローチを基礎に、日本におけるカルチュラル・スタディーズの中心的な存在として先駆的や役割を果たす。著書に『都市のドラマトゥルギー』（河出書房新社）、『博覧会の政治学』（講談社）、『「声」の資本主義』（河出書房新社）『万博と戦後日本』（講談社）、『新米と反米』（岩波書店）、『ポスト戦後社会』（岩波書店）、『大学とは何か』（岩波書店）、『夢の原子力』（筑摩書房）、『アメリカの越え方』（弘文堂）ほか多数。

アメリーゴ・レストゥッチ｜Amerigo Restucci

建築史家、ヴェネツィア建築大学学長、ヴェネツィア・ビエンナーレ ボードメンバー顧問。一九四二年生まれ。一九七八〜一九八四年および二〇〇四〜一一年の2回にわたり、ヴェネツィア・ビエンナーレのボードメンバーを歴任。二〇〇四年よりヴェネツィア・ビエンナーレの文化イベント空間の企画・デザインを手がけるヴェネツィア・ビエンナーレ・サービス株式会社社長・一報で、フィレンツェのサンタ・マリア・デル・フィオーレ大聖堂の修復監督などさまざまな世界的文化遺産の保存修復や改修に携わる。一九八九〜九二年ユネスコICOMOS理事。二〇〇五年よりイタリア政府文化財環境保護省に任命され、イタリア「文化的景観」の保護基準を策定。二〇〇六年、EU議会の文化委員によって景観的文化プロジェクトの責任者に任命される。二〇〇九年ヴェネツィア建築大学学長に就任。二〇一二年ヴェネト州の大学協会理事長に就任。

陣内秀信｜Hidenobu Jinnai

建築史家、法政大学デザイン工学部教授。イタリア政府給費留学生としてヴェネツィア建築大学に留学、ユネスコのローマ・センターで研修。専門はイタリア建築史・都市史。パレルモ大学、トレント大学、ローマ大学にて契約教授を勤めた。著書に『東京の空間人類学』（筑摩書房）、『ヴェネツィア——水上の迷宮都市』（講談社）、『迷宮都市ヴェネツィアを歩く』（角川書店）、『イタリア海洋都市の精神』（講談社）。受賞歴にサントリー学芸賞、イタリア共和国功労勲章（ウッフィチャーレ章）、ローマ大学名誉学士号、サルデーニャ建築賞二〇〇八、アマルフィ名誉市民など。

樋渡 彩｜Aya Hiwatashi

建築史・都市史研究。一九八二年広島県生まれ。二〇〇六年イタリア政府給費留学生としてヴェネツィア建築大学に留学、二〇〇九年法政大学建設工学研究科修士課程修了。二〇一〇年から法政大学デザイン工学研究科博士後期課程。二〇一一〜二〇一二年日本学術振興会特別研究員。論文に「水都ヴェネツィア研究史」（陣内秀信・高村雅彦編『水都学Ⅰ』法政大学出版局）、「近代ヴェネツィアにおける都市発展と舟運が果たした役割」（『地中海学研究』XXXV、地中海学会）、「水の都ヴェネツィアの危機」（『21世紀の環境とエネルギーを考える』時事通信社）ほか。

南條史生｜Fumio Nanjo
森美術館館長。一九四九年東京都生まれ。一九七二年慶應義塾大学経済学部、一九七六年同額文学部哲学科美学美術史学専攻卒業。国際交流基金、森美術館副館長などを経て、二〇〇六年一一月より現職。一九九七年ヴェネツィア・ビエンナーレ芸術展日本館コミッショナー、一九九八年台北ビエンナーレコミッショナー、ハノーバー国際博覧会日本館展示専門家、二〇〇一年横浜トリエンナーレ二〇〇一アーティスティック・ディレクター、二〇〇二年サンパウロ・ビエンナーレ東京部門キュレーター、二〇〇五年ヴェネツィア・ビエンナーレ金獅子賞国別展示審査員、二〇〇六年および二〇〇八年シンガポール・ビエンナーレアーティスティック・ディレクターなどを歴任。

五十嵐太郎｜Taro Igarashi
建築史・建築批評家、東北大学大学院教授、せんだいスクール・オブ・デザイン教員、あいちトリエンナーレ二〇一三芸術監督。一九六七年パリ生まれ。一九九二年東京大学大学院修士課程修了。博士（工学）。KPOキリンプラザ大阪の展示コミッティ、二〇〇七年第一回リスボン建築トリエンナーレの日本セクションのキュレーション、二〇〇八年第一一回ヴェネツィア・ビエンナーレ建築展日本館コミッショナーを務める。著書に『被災地を歩きながら考えたこと』（みすず書房）、『現代日本建築家列伝』（河出書房新社）、『3・11/After——記憶と再生へのプロセス』（監修、LIXIL出版）、『レム・コールハースは何を変えたのか』（共編、鹿島出版会）、『窓から建築を考える』（共編、彰国社）ほか多数。あいちトリエンナーレ二〇一三の成果により芸術選奨文部科学大臣新人賞受賞。

伊藤香織｜Kaori Ito
都市計画研究、ピクニシェンヌ、東京理科大学理工学部准教授。東京都生まれ。東京大学大学院修了、博士（工学）、東京大学空間情報科学研究センター助手、東京理科大学講師を経て、二〇〇八年より現職。専門は都市の空間と情報のデザイン。シビックプライド研究会代表。二〇〇二年より東京ピクニッククラブを共同主宰し、都市の公共空間をめぐるクリエイティブな提案を行う。二〇〇六年ヴェネツィア・ビエンナーレ国際建築展「Cities. Architecture and Society」では東京の空間情報分析で協力。二〇〇八年からはニューキャッスルゲイツヘッド、ロンドン、シンガポール、横浜、大阪などで「ピクノポリス」を開催。著書に『シビックプライド——都市のコミュニケーションをデザインする』（監修、宣伝会議）ほか。

相馬千秋｜Chiaki Soma
アートプロデューサー。一九七五年生まれ。国際舞台芸術祭「フェスティバル／トーキョー」の初代プログラム・ディレクターとして、全企画をディレクション（二〇〇九〜一三年）。また、アジアにおけるコミュニケーション・プラットフォーム「r:ead（レジデンス・東アジア・ダイアローグ）」創設およびディレクション（二〇一二年〜）、横浜の舞台芸術創造拠点「急な坂スタジオ」創設およびディレクション（二〇〇六〜一〇年）、東京国際芸術祭「中東シリーズ」企画制作（二〇〇四〜〇七年）など、国内外の多数のプロジェクトのプロデュース、キュレーション、プログラム選考などを手掛けている。二〇一二年より文化庁文化審議会文化政策部会委員。

山出淳也｜Jun'ya Yamaide
アーティスト、NPO法人BEPPU PROJECT代表理事。一九七〇年大分県生まれ。二〇〇〇〜〇一年PS1インターナショナルスタジオプログラム参加。二〇〇二〜〇四年文化庁在外研修員としてパリに滞在。おもな展覧会として「台北ビエンナーレ」（台北市立美術館、二〇〇〇〜〇一年）、

「GIFT OF HOPE」（東京都現代美術館、二〇〇〇〜〇一年）、「Expisition Collective」（Palais de Tokyo、パリ、二〇〇二年）など多数。帰国後、地域や多様な団体との連携による国際展開催をめざして、二〇〇五年にBEPPU PROJECTを立ち上げ、現在に至る。二〇〇九年および二〇一二年別府現代美術フェスティバル「混浴温泉世界」総合プロデューサー。平成二〇年度芸術選奨文部科学大臣賞受賞（芸術振興部門）。

編集

寺田真理子（Y-GSAスタジオ・マネージャー）
栗生はるか（Y-GSAスタジオ・アシスタント）
石塚直登（横浜国立大学大学院博士後期課程）
高木佑介（nobody編集部）

翻訳

Riccardo Amadei
田中宜子

写真

YUKAI:008、010、055、059、074、152、158、164、171、177、187写真部分、192
陣内秀信:044［図1］、048［図7］、049［図8-11］、050［図12］、051［図14・15］、052［図16・17］、053［図18・19］、054［図20］、056［図21-23・25-27］
樋渡 彩:056［図24・28］、062［図34］、064［図35・36］、065［図37］、066［図39・40］
栗生はるか:069［図1］、070［図2］、073［図3］、077［図5・7］、090-095
石塚直登:077［図6］、079［図8］
南條史生:099、110上・下
Singapore Biennale 2006　102上、103、105、108上・下
Singapore Biennale 2008　102下、111
五十嵐太郎:122、125、127、129-131、133
伊藤香織:138、140上、141下、142
怡土鉄夫:134
Ryosuke Kikuchi:144、146上、147中
Jun Ishikawa:146下、147下
Shiori Kawasaki:147上
杜多洋一:148
矢野紀行(Nacasa & Partners Inc.,) :150下
安藤幸代:151上・中上
久保貴史:151下

クリエイティブ・コモンズライセンス写真
（権利者、使用頁、画像名、ライセンス条件、画像元）

Miguel Mendez:075［図4］
Teatro La Fenice (Venice)/ (CC BY 2.0)/ https://www.flickr.com/photos/flynn_nrg/14046869714/
Loz Pycock　140下
The Queue at Bush House When I Left at 11:40/(CC BY-SA 2.0)/ https://www.flickr.com/photos/blahflowers/2873299864
Andrew Mitchell　141上
Tall Ships Site Taken from the Baltic Art Gallery/(CC BY-SA 2.0)/ https://www.flickr.com/photos/thesheriff/55140964
Steve Cadman　141中
Leeds City Hall/(CC BY-SA 2.0)/
https://www.flickr.com/photos/stevecadman/60562773/

図版

石塚直登:002、004、006、096、114、115-118、119
樋渡 彩:060［図30］

チッタ・ウニカ
文化《ぶんか》を仕掛《しか》ける都市《とし》ヴェネツィアに学《まな》ぶ

2014年7月20日　第1刷発行

編者
横浜国立大学大学院《よこはまこくりつだいがくだいがくいん》／建築都市《けんちくとし》スクール“Y-GSA”

発行者
坪内文生

発行所
鹿島出版会
〒104-0028東京都中央区八重洲2-5-14
電話 03-6202-5200
振替 00160-2-180883

ブックデザイン
加藤賢策［LABORATORIES］

デザイン協力
内田あみか、大井香苗［LABORATORIES］

印刷・製本
壮光舎印刷

ISBN 978-4-306-04607-8 C3052

URL : http://www.kajima-publishing.co.jp
e-mail : info@kajima-publishing.co.jp